岩波科学ライブラリー

ケネス・ファルコナー

服部久美子 訳

岩波書店

FRACTALS: A Very Short Introduction
by Kenneth Falconer

Copyright © 2013 by Kenneth Falconer

First published in English in 2013 by Oxford University Press, Oxford.
This Japanese edition published 2020
by Iwanami Shoten, Publishers, Tokyo
by arrangement with Oxford University Press.

Iwanami Shoten, Publishers is solely responsible for this translation
from the original work and Oxford University Press shall have no liability
for any errors, omissions or inaccuracies or ambiguities in such translation
or for any losses caused by reliance thereon.

まえがき

　「幾何」ということばを聞けば，多くの人は円，立方体，円柱など規則的でなめらかな図形を連想することでしょう．建物，家具，車といった身近にある工業製品は，そのような形を組合わせて作られています．しかし，自然界にあるものや，科学で扱う現象の多くは，規則的でもなめらかでもありません．たとえば，自然の風景を見わたせば，茂み，木，起伏に富んだ山，雲が視界に入ってきます．どれもあまりにも複雑な形をしているので，古典的な幾何学の図形では表現することができません．

　驚くべきことに，一見，複雑で不規則な図形が，とてもシンプルなことばを使って説明できることがよくあるのです．フラクタル幾何学は，単純な操作を何度も繰り返すことによってきわめて不規則な結果を生み出す方法を教えてくれます．フラクタルによって，自然界に見られる形を表せるだけでなく，はるかに複雑な図形を膨大に作り出すことができるのです．よく耳にする「フラクタルの美」ということばが意味することは，フラクタル図形のデザインが果てしないほど複雑であるということ，そして，フラクタル図形に見られる繰り返しの形にはシンプルな法則が秘められているということなのです．複雑だけれども魅力的なフラクタルの絵はそれ自体芸術的とみなされ，美術展やコンテストで展示され，服飾デザイナーが用いるまでになりました．

　この本の目的は，フラクタルが幾何学的な対象としてどのように作られ，表され，性質が明らかにされているのかをやさしい数学を

使って紹介することです．そして，「数学的」なフラクタルと，自然界に存在する「現実」のフラクタルとの関係についてもお話します．幾何学，特にフラクタル幾何学は目に見えるということが重要な特徴となる分野であり，図を見て直感的に理解することが鍵となります．もちろん，ある程度の数学は必要になりますが，この本で数式を使ったところでは図を用いて直感的に説明するよう心がけ，しっかり理解しようとする熱心な読者の方々の理解の妨げとならないよう願っています．また，本文での数学的な説明は最小限にとどめ，詳細を巻末の付録に回したところもあります．

1980 年代にフラクタルの人気が高まり，その理論と応用は驚くほど発展し，フラクタルは数学と自然科学，さらには経済学，社会科学の幅広い分野に浸透しました．フラクタルは最先端の研究の重要なテーマとなったのです．こうして，フラクタルの根底にあるシンプルなアイデアを簡潔にまとめ，オックスフォード大学出版局の刊行するシリーズ「Very Short Introduction」の 1 冊として本書を出版することとなりました．この本を手に取った読者の方々にフラクタルのアイデアをお楽しみいただければ幸いです．

イソベル・ファルコナー，ティモシー・ガウアーズ，エマ・マーにはこの本の草稿を読んでいただき，深く感謝いたします．作図を手伝っていただいたベン・ファルコナーとジョナサン・フレーザーに感謝いたします．オックスフォード大学出版局のキャラロル・カーネギー，プラバヴァティ・パーシバン，ジョイ・メラー，ラサ・メノンには，この書が「Very Short Introduction」の 1 冊として刊行に至るまでご尽力いただき，感謝を申し上げます．

ケネス・ファルコナー
2013 年，スコットランド，セント・アンドリュースにて

目　　次

1 フラクタルの考え方

フラクタルの起こり

古代から数学と科学は手に手をとって進歩してきました．数学は自然界で観測された物理現象を表し，ときには説明するのに使われます．こうした数学と科学の協力関係は多くの分野で素晴らしい成功をおさめました．実際に現代の生活で私たちが享受していることの多くはその成功のおかげです．たとえば，アイザック・ニュートンが導入した数学的な方法と法則は，私たちがこぐ自転車から宇宙船の軌道に至るまで，ほとんどすべての力学的な現象を説明できます．ジェームス・クラーク・マックスウェルが発見した電磁気学の方程式のおかげで無線通信の理解と実用化が進みました．また，パソコン画面上にマウスを使って絵を描いたりその絵を動かしたりできますが，それは幾何学にもとづく計算をたくさん使って設計されたソフトウェアがあるからこそ可能なのです．

しかし，科学の基本法則にしたがう現象の中には，不規則で複雑すぎるために，伝統的な数学を使って表すことも説明することもできないと長い間思われてきたものが多くあります．そもそも（学校で習う）古典的な幾何学は，円，楕円，立方体，円錐といったようななめらかで規則的な図形を対象としています．ニュートンとライプニッツが17世紀後半に導入した微積分学はなめらかな図形を数学的に扱うのに理想的な道具で，瞬く間に数学でも科学でも中心的

位置を占めるようになりました. そのため, 不規則な図形は片隅に追いやられました. 研究者たちは, 数学で扱うには不規則で複雑すぎるという理由から, 多くの自然現象を, おそらくは意図的にでしょうが, 放置してきました.

1960 年代後半になって, ようやく不規則な図形の研究が系統だって行われるようになりました. それには博識のフランス系アメリカ人ブノア・マンデルブロ(Benoit Mandelbrot)(1924-2010)が大きく貢献し, マンデルブロは「フラクタルの父」とよばれています. 1982 年の著書『フラクタル幾何学』の中でマンデルブロはこう書いています. 「雲の形は球ではないし, 山は円錐形ではない. 海岸線は円ではないし, 木の幹はなめらかではない. 稲妻も直線的には進まない.」さらに次のように主張しています. きわめて不規則な図形は例外というよりはむしろ普通であって, 物理, 生物, 金融, 数学など多くの分野にわたるさまざまな現象の不規則性には互いに似た性質がある. マンデルブロはこのような不規則性のある図形を総称して, フラクタルとよび, フラクタル数学の研究を進めることの必要性を強調しました. それには忘れられていた論文を掘り起こすことも含まれていました.

1980 年代からフラクタルは広く関心を集めるようになりました. ほとんどすべての科学の分野がフラクタルの観点から見直され, 「フラクタル幾何学」はそれ自体が興味深い研究対象として, そして幅広い応用がきく道具として, 数学のメジャーな分野になりました. フラクタルはまた流行の波にものりました. 色鮮やかで魅力的なフラクタルが雑誌や本に掲載され, アートの展覧会でも展示されるようになりました. SF 映画の背景にも使われたのです. さらにコンピュータが家庭や学校に普及したことで, だれでもプログラミ

ングの基礎知識さえあれば，簡単な操作の繰り返しで複雑なフラクタルを描けるようになり，ますます人々の関心が高まりました．

　もちろん理想化された数学的図形と，それに対応する現実の現象の間には違いがあります．円には厳密な定義があります．円とは紙のように平らな面の上の，中心からの距離がちょうど半径の長さに等しい点の集まりです．球面は同じ性質をもつ空間内の点の集まりです．わたしたちは硬貨やタイヤは円形だと言い，オレンジや地球は球だとみなしていますが，それはあくまで近似です．よくよく見ればオレンジの表面にはでこぼこがあり，あたまと底のところは多少平らになっています．地球の表面には山も谷もあります．それでも，円や球とみなすとうまく計算できることがあります．箱の中に何個のオレンジが入るかを計算するときにはオレンジを球だとみなせば十分で，太陽の周りの地球の軌道，あるいは地球の周りの月の軌道を計算するには，地球や月が球だと考えてさしつかえありません．

　フラクタルも同様で，最初に，数学的に厳密に定義できるフラクタルを紹介します．それから，自然界，物理現象，経済現象にみられる，ある範囲のスケール（細かさ）に限って見ればフラクタルとみなせるものを紹介していきます．これらは「数学的な」フラクタルに対して，「現実の」フラクタルで，見るスケールが細かすぎればもはやフラクタルとは言えなくなります．この本にはさまざまなフラクタルの図が載っていますが，それも厳密な数学的フラクタルの近似にすぎません．数学的フラクタルはいくらでも細かい構造をもちますが，印刷の細かさには限りがありますから．

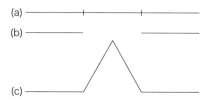

図1　コッホ曲線を描く基本的な手順：(a)線分を3等分す
る．(b)中央の3分の1を消す．(c)消したところに正三
角形の2辺を描く．

最初のフラクタル──コッホ曲線

　まずは鉛筆と消しゴムだけで描けるフラクタルから話を始めまし
ょう．

　適当な長さの線分を描きそれを3等分します．中央の3分の1
を消して，その代わりに正三角形から底辺を消したものを描きま
す．すると図1のように4本の短い線分がつながったものができ
ます．つぎに同じ操作を図1の4本の短い線分それぞれに対して
行います．3等分して中央の3分の1を消して正三角形の底辺を
除いたもので置き換えると，短い線分が16本つながった図形が
できます．この操作を次々に繰り返していきます．この作り方の
各段階を図2(a)（手ではなくコンピュータで描いたのですが）に示
します．この操作を無限に繰り返していくわけですが，何度か繰
り返せばもう最終的にできる「曲線」（図では F と記しています）
と見た目は区別がつかなくなります．この曲線はコッホ曲線とよ
ばれ，スウェーデンの数学者ヘリエ・フォン・コッホ（Helge von
Koch）（1870-1924）が1904年に考え出し研究したものです（ここで
「曲線」ということばは，1つの端からもう1つの端までつながっ

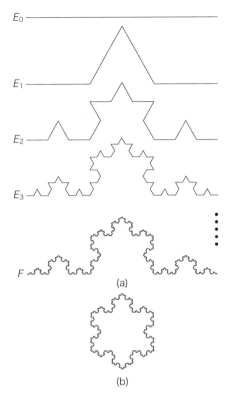

E_0

E_1

E_2

E_3

F

(a)

(b)

図2　(a)コッホ曲線 F を作成する途中の段階 E_0, E_1, E_2,
　…. (b)コッホ曲線3つを組合わせたコッホの雪片曲線.

て行ける線という意味で，なめらかである必要はありません).

　コッホ曲線をよく見てみましょう．コッホ曲線をいくら拡大して
も細かい不規則な形がみられます．実際に，図3からわかるよう
にコッホ曲線は自分自身と同じくらいギザギザした小さいコッホ曲
線を含んでいます．これはコッホ曲線の作り方によるもので，最初

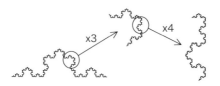

図3　コッホ曲線をいくら拡大しても
やはり不規則なまま.

の線分にも途中の段階の短い線分にも同じ操作を行ったからです.
どれだけ拡大しても不規則性をもつ図形は「微細な構造をもつ」と
言います. この意味でコッホ曲線と円は全く異なります. 円周の一
部を大きく拡大するとほとんど直線と区別できなくなるからです.

　もう1つの性質は, コッホ曲線が自己相似であることです. こ
れは自分自身の縮小コピーからできているという意味です. コッホ
曲線は, 自分自身の $\frac{1}{3}$ 倍のコピー4つに分けることができます.
逆に言えば, コッホ曲線の 33.333…% のコピーを4つ貼り合わせ
れば元のコッホ曲線になります. それだけでなく, もっと小さいス
ケールでも自己相似です. つまりコッホ曲線は $\frac{1}{9}$ 倍の縮小コピー
16個からできているとも言えるし, $\frac{1}{27}$ 倍の縮小コピー64個から
できているとも言えるし, コッホ曲線のどの部分を見てもありとあ
らゆるサイズの縮小コピーが見られます.

　さて, 円, 楕円などのなめらかな曲線は各点で接線をもちます.
接線とはその点で曲線にぴったりよりそう直線です. 接線の方向は
曲線上を動く点の瞬間的な方向を表します. 接線は何世紀もの間,
数学者が曲線の研究をする上で中心的な概念でした(それが「微積
分学」の中核です). しかしコッホ曲線には各点での運動の瞬間的
方向は定義できず, 接線を描くことができません. 伝統的な幾何学
の用語で表すには不規則すぎて, 古典的な図形のように簡単には

表せません．コッホ曲線には**古典的数学の方法が適用できない**のです．

　今度は大きさを測るという面から図形を見てみましょう．円周の長さを測る1つの方法は，円周上を小さい歩幅で歩いて歩数と歩幅の積をとることです．円の直径を1とすると（単位はkmでもmでもかまいません．途中で変えずに同じ単位を使っていればどれでもいいです），歩幅が小さければ計算結果は6.283…（すなわち円周の長さ2π）に十分近くなります．コッホ曲線Fを同じ方法で測ってみましょう．コッホ曲線を作るときに最初に描いた線分の長さを1とします．コッホ曲線上を長さ$\frac{1}{10}$の歩幅でたどる（毎回次の1歩が曲線上に乗るようにして歩く）と約19歩必要です．そうすると長さは約$19 \times \frac{1}{10} = 1.9$となります．$\frac{1}{100}$の歩幅ではコッホ曲線の小さい凹凸の上も歩くことになりますから約334歩で，長さは約$334 \times \frac{1}{100} = 3.34$です．さらに歩幅100万分の1でもっと細かい凹凸に沿って歩くと約3725万歩，長さは約37.25です．円の場合と違ってコッホ曲線を測る歩幅を小さくしていくと測定結果はいくらでも大きくなっていきます．「測定のスケール（歩幅）の取り方によって大きさが変わる」ことがコッホ曲線と，円などの古典的幾何学の図形の間に一線を画すもう1つの要素です．

　このようにコッホ曲線はきわめて複雑で細かい構造をもっている図形です．それでも見方によってはとても単純な図形です．その作り方は「線分の中央の3分の1を，底辺を除いた正三角形の2辺で置き換える操作を繰り返す」という短い指示で表せます．

　図2(b)のようにコッホ曲線のコピーを3つ貼りつけて「三角形」にすると「コッホの雪片曲線（コッホ島）」になります．自然界のものに少しは近くなった気がしませんか．

ここで，コッホ曲線のもつ性質をまとめてみましょう．

- 微細な構造をもつ：いくら細かく見ても，不規則な構造が見える．
- 自己相似である：自分自身の縮小コピーを集めてできている．
- 古典的な幾何や数学の方法では扱えない．
- 「大きさ」は測り方によって異なる．
- 簡単な操作の繰り返しで作られる．
- 自然界に似たものがある．

このような性質をもつ曲線や図形を**フラクタル**とよびます．このことばはブノア・マンデルブロが 1975 年にラテン語で「ばらばらになった」を意味する語の fractus から作りました．上のリストにある性質は，この本でこれから紹介する多くのフラクタルの特徴です．

このフラクタルの定義について一言注意しておきましょう．あるものをフラクタルとよぶための条件をリストにしましたが，その中にはちょっとあいまいな条件もあります．もっと厳密な定義はないのでしょうか．それについてはフラクタルということばが使われるようになってからずっと議論されていました．マンデルブロは最初は次元の概念を使った数学的な定義をしていましたが，その定義は使われなくなりました．その定義には合わないけれども明らかにフラクタルとみなせる図形が多くあったからです．今のところ上のリストの性質のすべて，またはほとんどを何らかの意味で満たすならば（ほかにも 2, 3 の数学的な条件はありますが），フラクタルとよぶということで合意ができています．生物学での生命の定義も似たようなものではないでしょうか．何かが生きていると言えるためには次の性質のすべて，またはほとんどを満たしていればよいでしょ

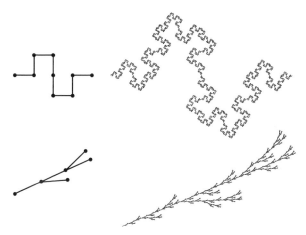

図4 ウネウネ曲線(上)とフラクタルの草(下)およびそれぞれのジェネレータ．ジェネレータの中の線分をジェネレータの縮小コピーで置き換えていくとフラクタルができあがる．

う：成長する能力，繁殖する能力，何らかの形で刺激に反応できることなど．それでも明らかに「生きている」と言えるのにこうした条件をすべて満たしていないものもあります．

その他のフラクタル図形

同じような繰り返しの方法で，全く見た目が異なるフラクタルを作ることができます．コッホ曲線を作ったとき，それぞれの線分を ＿∧＿ のような形の図形(ジェネレータまたはモチーフとよばれます)で置き換えることを繰り返しました．図4には，線分を他のジェネレータで置き換えて作ったフラクタルをいくつかあげました．最初の例は「ウネウネ」曲線で四角い波形をジェネレータとしてい

ます．2つ目はフラクタルの草で，幹から小さな角度で枝が生えて
いるジェネレータから作られます．上のフラクタルの性質のリスト
をチェックしてみてください．ジェネレータを変えればフラクタル
がいくらでも作れます．

座標，関数，合成

ここまで見てきたフラクタルは紙に描けるものばかりで，パソコ
ンの画面にも表示できます．こうした平らな面を**平面**とよびます．
ここでは平面上のモノクロの「絵」の中で，黒で表された点の集ま
りを考えます．そうした集まりを**図形**と言いますが，数学用語では
集合とも言います．円，コッホ曲線，インクの滲み，人のシルエッ
トなどは集合の例です．

フラクタルを表すためには（フラクタルにかぎらず平面上の集合
に共通することですが），まず平面上の位置を表すことが必要で
す．普通は座標を使いますが，ルネ・デカルト（René Descartes）
（1596-1650）が導入したのでデカルト座標とも言います．地図上で
緯度と経度を使って位置を表すのと同じように，縦横の座標を使っ
て位置を表します．

平面上に1点を決めてそれを原点とよぶことにします．平面上
のどの点も，原点から横にある距離だけ進んで，それから直角に
曲がって縦にある距離だけ進めば行きつけます．点の位置は横に
進んだ距離と縦に進んだ距離の2つの数の組で表せます．この数
の組がその点の**座標**です．図5に示したように，座標 $(3, 2)$ は右に
3，上に2進んだ位置を表します．普通，原点で直交する縦と横の
線を描いてそれぞれ x 軸，y 軸とよびます．それぞれの軸の上には

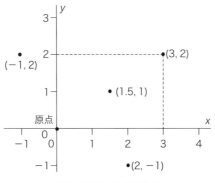

図 5　平面上の点の座標.

目盛をつけます．慣例として数が正ならば原点から右または上へ進むことを表し，数が負ならば左または下へ進むことを表します．通常，座標と平面上の点を同じものとみなして「平面上の点 $(3, 2)$」などと言います．さらに平面上の点どうしの間に関係をつけることも必要になりますが，その際に関数を使います．ここでは関数とは平面上のそれぞれの点に別の点を対応させるルールと考えればよいでしょう[*1]．平面上の動き方を決める指示と言ってもよいです．この関数によって，平面上の今いる点から，次にどの点へ行くかが決まります．関数を表すのに矢印を使います．たとえば

$$(x, y) \rightarrow (x+1, y) \tag{1}$$

は，今点 (x, y) にいるならば，次に $(x+1, y)$ で表される点に動く

[*1]　［訳注］高校では，関数をある (1 つの) 数 x に別の (1 つの) 数 y を対応させるルールとして学びます．たとえば $y=2x+1$, $y=x^2$ などです．一方，本文では 2 つの数の組 (x, y) に対して別の数の組 (x', y') を対応させています．1 つの数どうしと，2 つの数の組どうしという違いはありますが，どちらもあるものを別のものに対応させるルールという意味では同じことです．

ことを表します．点 $(2,5)$ は式 (1) で x を 2，y を 5 とすると，$(2,5)$ → $(2+1,5)=(3,5)$ となりますから，式 (1) の関数は $(2,5)$ を $(3,5)$ へと動かします．同じようにして $(3,7)$ を $(4,7)$ へ，$(-3,-7)$ を $(-2,-7)$ へと動かします．この関数は座標の最初の数に 1 を足し，2 番目の数は変えないというルールを表しています．図形的には右へ 1 動くことになります．

もう 1 つ例をみましょう．

$$(x,y) \rightarrow \left(\frac{1}{2}\,x, \frac{1}{2}\,y \right) \tag{2}$$

で表される関数は座標の 2 つの数をそれぞれ半分にします．つまり，原点と点 (x,y) を結ぶ線分の中点に移します．たとえば $(6,2)$ → $(3,1)$，$(3,2)$ → $(1.5,1)$ となります（図 5 参照）．

コッホ曲線の例では，同じ単純な操作を何度も何度も繰り返すと複雑なフラクタルができることを見ました．ここでは，関数を繰り返し使って動かしていくと複雑な図形を作ることができることを紹介します．関数と最初にいる点がわかれば，その点が関数によって移る新しい点が決まります．その新しい点をもう一度関数で動かすと 3 番目の点が決まります．その 3 番目の点をまた関数で動かすと 4 番目の点に移り，このように関数で繰り返し動かしていくと平面上を次々別の点に動いていって軌跡を描きます．これは，子供のパーティーで人気がある宝探しゲームと似ています．子供に与えられた最初のヒントは次の場所を指示し，そこへ行くとさらに次のヒントがあり，このようにして庭や公園を歩き回って宝を探します．関数はこのような「ヒント」を短く表す方法です．点を訪れるごとに関数によって次に行く点が決まります．このように関数を繰り返し使って動かすことを関数の合成または関数の反復とよび，最

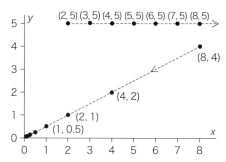

図 6 軌跡の 2 つの例. $(2,5)$ からスタートし関数 $(x,y)\to$ $(x+1,y)$ によって動くものと, $(8,4)$ からスタートし関数 $(x,y)\to\left(\dfrac{1}{2}x,\dfrac{1}{2}y\right)$ によって動くもの.

初の点が順に訪れた点を並べたものを反復による(関数の繰り返しによる)**軌跡**とよびます.

座標の最初の数に 1 ずつ足していく式(1)が表す関数の軌跡はどうなるでしょうか. 最初の点を $(2,5)$ とすると軌跡は

$$(2,5) \to (3,5) \to (4,5) \to (5,5) \to (6,5) \to (7,5) \to (8,5) \to \cdots$$

となります. ここで矢印は平面上を次にどこに動くかを示し, 点々は同じことを無限に繰り返すことを表します(図6参照). 軌跡はもちろん最初の点によって異なります. もし最初の点が $(-2,-1)$ ならば(1)による軌跡は

$$(-2,-1) \to (-1,-1) \to (0,-1) \to (1,-1)$$
$$\to (2,-1) \to (3,-1) \to \cdots$$

となるでしょう.

ここで, 軌跡のずっと先のほうでは何が起こるかが気になりま

す．(1)が表す関数の場合はどちらの出発点に対しても（どの出発
点であっても），軌跡はひたすら右に進んでいって戻ることはあり
ません．一方，(2)の関数を反復すると(1)とは全く異なるふるま
いが見られます．関数で動かすごとに座標も半分になりますから，
$(8,4)$ から出発すると

$$(8,4) \rightarrow (4,2) \rightarrow (2,1) \rightarrow (1,0.5) \rightarrow (0.5,0.25) \rightarrow (0.25,0.125)$$
$$\rightarrow (0.125,0.0625) \rightarrow \cdots$$

と続いていきます．これは図6に示すように原点 $(0,0)$ に近づく軌
跡です．実は最初の点をどこにとっても(2)の関数の軌跡は原点に
近づいていきます．

反復の作るフラクタル

　関数によってはもっと複雑な軌跡ができます．ミシェル・エノン
が1976年に考えた**エノン関数**は

$$(x,y) \rightarrow (y+1-1.4x^2, 0.3x)$$

と表せます（この関数の形自体は今は気にしないでください．x^2 す
なわち x を2つ掛けた $x \times x$ の項があるために軌跡はきわめて複雑
になります）．たとえば出発点を $(1,1)$ として，何度か関数を反復
すると

$$(1,1) \rightarrow (0.6,0.3) \rightarrow (0.796,0.18) \rightarrow (0.293,0.239)$$
$$\rightarrow (1.119,0.088) \rightarrow (-0.665,0.336) \rightarrow \cdots$$

となり，これだけでは全体としての動きはわかりませんが，もっと

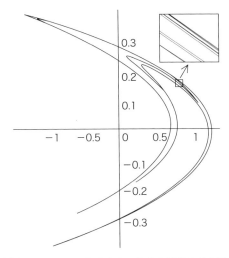

図7 エノン・アトラクターとその構造の拡大図.

ずっと多くの回数反復すると何が起きているかが見えてきます. エノン関数による反復を2万回ほど行って得た軌跡を図7に示します. 初めのうちはまだ軌跡が安定していないので最初の点をいくつか無視すれば, 点の列は平面をランダムに動きまわり, 軌跡はアトラクターとよばれる曲がった縞模様を描きます. 軌跡の点はこの図形に引き込まれていくのです. またアトラクターの形は反復の出発点に(原点からよほど離れていない限り)よりません.

　このアトラクターの構造をもっと詳しく見てみると面白いことがわかります. 曲線に見えていた部分を拡大すると, 幅の狭い(ほぼ)平行に並んだ縞のように見えてきます. さらに拡大するとその縞のそれぞれの線がさらに細かい縞になっていて, このアトラクターはほぼ平行な線が集まってできていることがわかります. つまり, エノン関数のアトラクターはフラクタルになっているのです. このア

トラクターはストレンジ・アトラクター（奇妙なアトラクター）ともよばれます．アトラクターは複雑な構造をしていますが，短い式で表されたエノン関数だけで作れます．ここでも簡単な操作の繰り返しによって複雑なフラクタルができました．

　関数の反復の利点はコンピュータに実行させるのが容易なことです．コンピュータは同じことを何度も何度も繰り返すのが得意です．ある出発点を，関数の反復で動かした軌跡の計算はたった数行のプログラムで実行でき，結果を画面に表示させればアトラクターが描けます．その一部を拡大するのもコンピュータなら簡単で，フラクタル構造を実際に見ることができます．この容易さは，アトラクターを数学的に解析することの困難さと全く対照的です．なぜアトラクターが特定のフラクタルの形になるのかは，単純な関数に対してさえ，現在の数学では説明できていません．

フラクタルでなにができる？

　きわめて不規則なフラクタルは数学や科学でどのような役割を果たせるかという疑問がおのずとわいてきます．その手がかりは古典幾何学の中にあります．伝統的な幾何学図形に対して何世紀も投げかけられてきた問いがフラクタルにも向けられるようになりました．

- 表し方　円は中心から定まった距離にある点の集まりである．楕円は2つの固定された点（焦点）からの距離の和が定数になるような点の集まりである．フラクタルをこのように簡単に表せるでしょうか．次の章で，簡単な「テンプレート」で複雑なフラクタルが表せることを紹介します．

- **大きさ** 数学で図形に関してまず知りたいことは「大きさはどれくらいか」です．円や長方形に対しては面積や周の長さを測ります．フラクタルの大きさを測るときには「次元」の概念が重要です．

- **幾何学的な性質** 輪を電灯や太陽のもとにかざしたとき，影は楕円になります．光に対する角度によって平べったい楕円のこともあればほとんど円に近いこともあります．フラクタルにもそのような幾何学的な性質はあるでしょうか．

- **数学の他の分野に現れること** 幾何学図形は多くの数学の問題に答えを与えます．たとえば円は，周の長さを決めたとき最大の面積を囲える図形です．放物線は平行な光線を当てたとき反射光が定まった1点(焦点)を通る図形です．フラクタルが答えを与えるような数学の問題はあるでしょうか．

- **自然科学と社会科学への応用** 古典幾何学は自然科学のみならずさまざまな領域で多くの重要な問題に解を与えてきました．惑星は楕円軌道を描き，投げた石は放物線に沿って動き，結晶の中の原子は規則的な格子を作り，DNA 分子は2重らせんになっています．フラクタルはどのような現実の問題の解になるでしょうか．

自然にうかんでくるこうした疑問に以下の章で答えていきます．

2 自己相似性

自己相似フラクタルとそのテンプレート

　古典的な幾何学では相似という概念はまさに主役です．「幾何学の父」とよばれるギリシャの数学者ユークリッド(紀元前300年頃)は，幾何学の厳密な証明の礎を築きましたが，その著作の中でも相似という概念は中心的な役割を果たしています．平面内の2つの図形が相似であるとは形が同じということですが，大きさは同じでなくてもかまいません．一方の図形をまず拡大または縮小してから，平面上をずらしたり，さらに回転や裏返ししたりして，もう片方に重なればいいのです．現代風に言えば，2つの図形が相似であるとは，片方の図形の拡大コピーまたは縮小コピーをうまく置くと(裏返してもよい)，もう片方にぴたりと一致することです．拡大縮小しなくてよければ，つまり等倍コピーでよければ，2つの図形は合同であると言います．コピーをとるときの倍率はスケールとよばれ，分数またはパーセントで表されます．ある図形が別の図形のスケール $\frac{1}{4}$ (25%)のコピーならば，そのコピーの中のどの辺の長さも元の図形の対応する辺の $\frac{1}{4}$ になっています．

　円はどれも互いに相似で，正方形もどれも互いに相似です．しかし2つの三角形が相似なのは，一方の三角形の3つの角がもう片方の三角形の3つの角と等しいときです．2つの長方形が相似なのは長い辺と短い辺の長さの比が等しいときです．図8に示した図

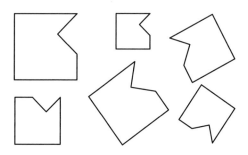

図8　この6つの図形はどれも互いに相似.

形はどれも互いに相似です.

　自己相似集合とは自分自身の縮小コピーをいくつか集めてできている集合です. 第1章でコッホ曲線は自己相似であると言いました. スケール $\frac{1}{3}$ のコピー4個を組合わせて作れるからです. どのような縮小コピーをどう組合わせるかを図形的にわかりやすく表現する方法がテンプレートです. 図9にコッホ曲線とそのテンプレートが描いてありますが, この場合テンプレートは大きい長方形(外枠)とそのスケール $\frac{1}{3}$ のコピーである4個の小さい長方形を配置したもののセットです. コッホ曲線の小さい長方形の枠に囲まれた部分は, 大きい長方形の枠内のコッホ曲線全体のスケール $\frac{1}{3}$ のコピーです. このように, テンプレートの長方形の大きさと位置が縮小コピーのスケールと, 縮小コピーをどうつなげるとコッホ曲線になるかを示しています.

　ここで注目すべきことは, テンプレートは長方形という古典的な幾何学図形からできていることです. そこにはフラクタル的な要素は全く感じられません. それでもこのテンプレートだけで, フラクタルが定義できるのです. つまり, テンプレートが示すように自分自身の縮小コピーを並べた形をしている図形は(本質的に)ただ1

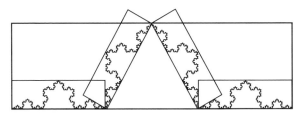

図 9　コッホ曲線とそれを作るテンプレート.

つしかなく，それがコッホ曲線だということです.

　先にテンプレートだけがあるとき，それからコッホ曲線を再現することもできます. 図 9 の 5 個の長方形がコッホ曲線のテンプレートですが，まずテンプレート全体を縮小して，外枠の大きい長方形が小さい長方形と同じ大きさになるようにします. そして元のテンプレートの中の 4 個の小さい長方形(図 10 の最初の図形)のそれぞれを，縮小したテンプレートで置き換えます. 置き換えたら外枠は無視します. すると 16 個の小さい長方形が残ります(図 10 の2 番目の図形). さらに，テンプレート全体を縮小して外枠の大きい長方形が 16 個の小さい長方形と同じ大きさになるようにして，それぞれの小さい長方形を縮小したテンプレートで置き換えて，外枠を外します(図 10 の 3 番目の図形). この操作を何回も繰り返していくとコッホ曲線にいくらでも近づくことが想像できませんか.

　ここで紹介したテンプレートは，フラクタルを定義する(1 通りに決める)ことと，そのフラクタルを直接作ることの両方に広く使える有力なツールです. テンプレートは単純な図形(正方形，長方形，三角形など)とその縮小コピーをいくつか平面内に配置して作られています. それぞれの小さい図形は，一番大きい図形をどのくらい縮小してどこに置くかを表す相似変換(スケール変換ともい

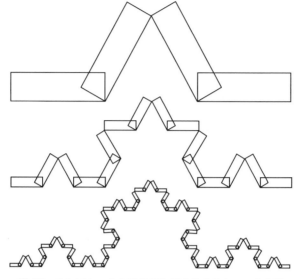

図 10　テンプレートを繰り返し置き換えるとコッホ曲線
　　が作れる.

う)を表しています. このとき, それぞれの相似変換は, 大きい図形を対応する小さい図形に「写す」と言います. この相似変換は図 9 のように大きい図形(長方形)の中に描かれた図形(コッホ曲線)があれば, それも一緒に小さい図形の中に写します.

　まとめると, 「テンプレートがフラクタルを決める」[*1], つまり, テンプレートがあれば, それに応じてただ 1 つの図形が決まり,

---

*1　[訳注] コッホ曲線は「4 個の縮小コピーを作って, 図 9 のテンプレートが示すように並べると, 元の図形とぴったり一致」し, この性質をもつ図形は, コッホ曲線のみであることが証明されています. このような意味で, テンプレートがフラクタルを定義する(決める), と著者は言っています. また何らかのテンプレートが与えられた場合, 図 10 の方法にしたがって置き換えれば, そのテンプレートが決めるフラクタルを作れます.

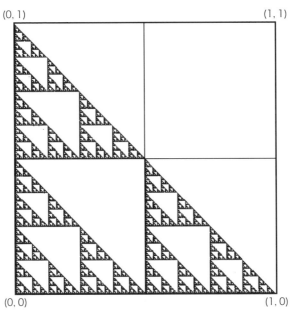

図11 シェルピンスキー三角形は, 1辺の長さが1の正方形1個と1辺の長さが $\frac{1}{2}$ の正方形3個からなるテンプレートで作られる.

その図形はたいていフラクタルであり, テンプレートが示すとおりに自分自身の縮小コピーを置いた形をしています(この言い方は本当は正確ではないのですが, すぐあとに正確な表現を紹介します). テンプレートで決まる図形は, テンプレートのアトラクターとよばれます.

　テンプレートを構成する図形が互いに相似なとき, アトラクターは自己相似になります. 図11と図12は自己相似フラクタルとそのテンプレートの例です. どちらの場合もテンプレートに含まれ

24

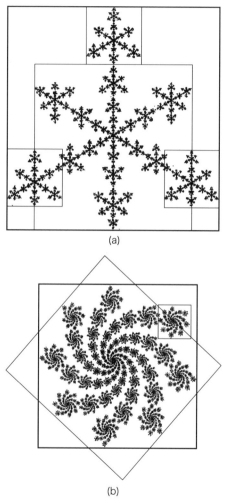

(a)

(b)

図 12 　自己相似フラクタルとそのテンプレート.
(a)スノーフレイク.　(b)らせん.

る小さい図形の中の部分が，全体の縮小コピーになっていることに注意してください．図11はシェルピンスキー（直角）三角形とよばれ，スケール $\frac{1}{2}$ の自分自身のコピー3個からできています．図12 (a)はスノーフレイク（雪片）とよばれ，4個の縮小コピーからできています．そのうち3個はスケール $\frac{1}{4}$ で，中央の大きめの縮小コピーはスケール $\frac{3}{4}$ で全体を180°回転した（上下ひっくり返した）ものです．こうした例から2つのことがわかります．まず，大きい図形をいくつかの小さい図形に写す相似変換のスケールはすべて同じである必要がないこと，2つ目は縮小コピーは回転したり裏返しにしたりしてもかまわないことです．図12 (b)のらせんはたった2つの相似変換で決まります．1つはスケール $\frac{19}{20}$ で45°回転したもの，もう1つはスケール $\frac{1}{5}$ で図形全体をらせん状に伸びた腕の1本の先の方にある正方形に写すものです．

相似変換の向き

　上でテンプレートがフラクタルを1通りに決めると言いましたが，実はまだ言い残していたことがありました．テンプレートを構成する図形が何らかの対称性をもっている場合，それぞれの小さい図形に写す相似変換は1つとは限りません．簡単な例として，テンプレートの図形が正方形の場合を考えましょう．正方形を相似変換で小さい正方形に写すとき，8通りの異なる写し方があります．縮小するだけ，縮小してから，90°，180°，270°回転，中心を通る縦の直線か横の直線，あるいは2本の対角線のどちらかに関する折り返し（鏡に映すのと同じことなのでこれらを「鏡映」とよびます），この8通りです．図13にこれら8通りの相似変換を示

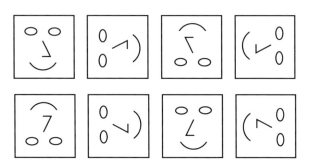

図13　顔の位置も考慮すると，正方形の相似変換は8通り
になる．

しました．こうした相似変換の異なる種類を，相似変換の異なる向
きとよぶことにしましょう．図11のシェルピンスキー三角形のテ
ンプレートは正方形で構成されています．一般に，大きな正方形を
3つの小さい正方形に写すには，1個あたり8通りの向きがあるの
で，合計で8×8×8＝512通りの相似変換の組合せがあります．

　図14に示した2つのアトラクターのテンプレートはシェルピン
スキー三角形と同じですが，相似変換の向きが異なります．図14
(a)のアトラクターを作る相似変換の組合せは全部で8通りあり
ます：まず，アトラクター全体を左上の小さい正方形に写すには，
縮小してから180°回転する相似変換と，縮小してから左上と右下
を結ぶ対角線に関して折り返す相似変換という2つの向きがあり
ます．右下の正方形に写す相似変換も同じように2通りあります．
左下の小さい正方形に写すには，縮小するだけの変換と，縮小して
から右上と左下を結ぶ対角線に関して折り返す変換の2つの向き
があります．ですから，3つの相似変換の組は全部で2×2×2＝8通
りの選び方があります．それに対して，図14(b)のアトラクター
では，小さい3つの正方形の中に写す向きはそれぞれ1つずつし

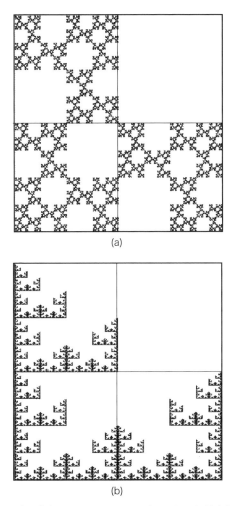

図 14 自己相似フラクタルでテンプレートの相似変換の向
きが異なる例.

かありません.

この「3つの小さい正方形」タイプのテンプレートから作られるアトラクターは全部で456個あることが知られています.そのうちの8個は左下から右上への対角線に関して対称な形をしていて(シェルピンスキー三角形と図14(a)のアトラクターがその例です),これらを作る相似変換は,3個の小さい正方形それぞれに対して2通りの向きがあるので合計で8通りの組合せがあります.ほかの448個のアトラクターを作る相似変換の向きの組合せは,それぞれ1通りです.

このようにテンプレートの図形が対称性をもつときは,テンプレートだけではアトラクターが1つに決まらないこともありますが,相似変換の向きも決めればただ1つに決まります.このことは重要なのでまとめておきましょう.

> テンプレートと相似変換の向きが与えられたとき,ただ1つの集合(アトラクターとよばれ,たいていはフラクタル)が決まる.アトラクターは自分自身の縮小コピーからできていて,その縮小コピーのスケールと配置のしかたは,テンプレートと相似変換の向きから決まる.

(勘のいい読者の中には少しごまかしがあると感じた方もいるでしょう.テンプレートから作られる集合の中には「極端な」ものもあります.たとえば何も描かれていない「空集合」は,どのようなテンプレートからも作ることができます.しかしそうしたものを考えないことにすれば,この本で語る範囲では上の主張で十分です.)

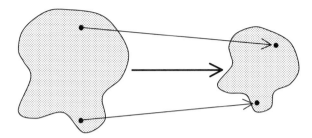

図15 関数はそれぞれの点を新しい点に移すので，点の集合を新しい位置にある集合に移す．

テンプレートは関数で表せる

関数は平面上の各点を新しい位置に「移す」ルールで，式で表されることを第1章で紹介しました．ここでは，関数が図形におよぼす作用に着目しましょう．平面内の(モノクロの)図形は膨大な数の点(パソコンの画面ではドットやピクセル)が集まってできています．関数はそれぞれの点を新しい点に移します．このように図形を構成する点の集合は関数によって新しい位置にある点の**集合**に移されて，新しい図形を作り上げます．図15が示すように関数は元の集合(図形)を新しい図形に**変換**します．「変換」ということばは，特に図形に対する作用に着目するときに「関数」と同じ意味に使われます(**写像**(マップ)ということばも使われます．日常の意味での地図(マップ)は地上の各点を紙の上の1点に対応させるので本当に関数が使われています．このとき写像は海岸線を紙の上のギザギザの線に移します)．

第1章で関数 $(x, y) \rightarrow \left(\frac{1}{2} x, \frac{1}{2} y \right)$ は平面上の各点をそれ自身と原点との中点に移す関数だと紹介しました．この関数の図形に対す

る作用は原点に向かって全体を $\frac{1}{2}$ 倍に縮小することです．つまりスケール $\frac{1}{2}$ の相似変換です．

テンプレートは要するに，いくつかの変換(関数)の組を図で表したものです．小さい図形のそれぞれは，大きい図形を縮小して小さい図形の位置にはめこむ相似変換を図示したものです．大きい図形の中の各点は，対応する小さい図形の中の 1 点に移されるので，一番大きい図形の中に描かれた図形は小さい図形の中の相似な図形に変換されます．

図 11 のシェルピンスキー三角形のテンプレートは単位正方形，つまり頂点の座標が $(0,0),(1,0),(0,1),(1,1)$ で，辺の長さが 1 の正方形と，辺の長さが $\frac{1}{2}$ の小さい正方形 3 個からできています．単位正方形をそれぞれ左下，右下，左上の正方形に写す相似変換を式で表すと

$$(x,y) \rightarrow \left(\frac{1}{2}x, \frac{1}{2}y\right); \qquad (x,y) \rightarrow \left(\frac{1}{2}x+\frac{1}{2}, \frac{1}{2}y\right);$$

$$(x,y) \rightarrow \left(\frac{1}{2}x, \frac{1}{2}y+\frac{1}{2}\right) \tag{1}$$

となります．最初の関数は全体を原点に向かって $\frac{1}{2}$ 倍に縮小します．2 番目の関数は「$+\frac{1}{2}$」の項があるので，最初の関数と同じ縮小をしてから $\frac{1}{2}$ だけ右にずらします．3 番目の関数は $\frac{1}{2}$ 倍に縮小してから上に $\frac{1}{2}$ だけずらします．これらの関数は正方形だけでなく，その中に描かれたフラクタルも変換します．つまり $(x,y) \rightarrow$ $\left(\frac{1}{2}x, \frac{1}{2}y\right)$ はシェルピンスキー三角形全体を左下の正方形の中のスケール $\frac{1}{2}$ のコピーに写します．(1)の他の 2 つの関数もシェルピンスキー三角形全体を縮小して右下と左上の正方形の中に写します．この 3 つのスケール $\frac{1}{2}$ のコピーを合わせると再びシェルピンスキー三角形になります．(1)の 3 つの関数はシェルピンスキー三

角形を決める相似変換で，テンプレートを数式で表したものです．

　シェルピンスキー三角形はテンプレートと向きで 1 通りに決まりますが，3 つの関数で 1 通りに決まると言っても同じことです．むしろ関数の方が変換の向きの情報も含んでいるので便利です．向きを追加して指定しなくてもいいのですから．たとえば図 14（b）のフラクタルを 3 つの小さい正方形内の小さいコピーに変換する 3 つの関数は

$$(x,y) \rightarrow \left(\frac{1}{2}x, \frac{1}{2}y \right); \qquad (x,y) \rightarrow \left(-\frac{1}{2}x+1, \frac{1}{2}y \right);$$
$$(x,y) \rightarrow \left(\frac{1}{2}x, \frac{1}{2}y+\frac{1}{2} \right)$$

と表せて，（1）とは 2 番目の関数が異なっています．

　ここまででテンプレート（に向きを指定したもの）がフラクタルを 1 通りに決めることを見てきました．これを変換（関数）の用語で表すと，変換の組がただ 1 つの図形を決めるということになります．

　縮小変換の組から，ただ 1 つの集合（アトラクターとよばれ，たいていはフラクタル）が決まり，変換によるコピーを集めると全体ができあがるという性質がある．

　この「定理」すなわち「数学的な事実」は，数学のことばで厳密に述べることができて，証明もされています．この定理は 2 つのことを言っています．まず，そのような集合が存在すること，そしてただ 1 つしか存在しないことです．つまり条件を満たす図形はただ 1 つだけ存在します．数学の重要な定理の中には，このように，ある条件を満たすものがただ 1 つ存在することを主張するも

のがよく見られます．さて，この定理が言っている変換は相似変換とは限らないことに注意してください．縮小変換つまり何らかの意味で縮める変換なら何でもよくて，スケールが1より小さい相似変換はその特別な場合です．このような縮小変換の組は**反復関数系**とよばれ，上の定理は「反復関数系の基本定理」とよばれます．この定理は反復関数系に対してただ1つのアトラクターが存在することを主張しています．

フラクタルを描く

(向きのついた)テンプレート，すなわち変換の組があるとき，それからただ1つ決まるフラクタルをコンピュータを使って描くにはどうしたらよいでしょうか．よく使われる方法としては図10でコッホ曲線を描いたときのように，テンプレートの縮小コピーをはめこむことを繰り返してフラクタルの近似を作ることです．

他にも簡単で効率的な方法があり，**カオスゲーム**とよばれます．マイケル・バーンスリーが考えたもので，平面上(パソコンの画面上)に次々に点を描いていき，点が増えるにしたがってフラクタルに近い形になっていくというものです．この方法はエノン・アトラクターを描いたときのように関数の反復で点を動かしてフラクタルを描くのに似ています．ただ，この方法では各段階で使う関数をランダムに選ぶところがエノン・アトラクターの描き方との違いです．

式(1)の3つの関数が表すテンプレートで決まるシェルピンスキー三角形をカオスゲームで描いてみましょう．最初はどこでも好きな点を選びます．原点 $(0,0)$ を選んでみましょう．3つの関数

のうち1つをランダムに，たとえばサイコロを振って1か2が出たら最初の関数，3か4なら2番目，5か6なら3番目というように選びます．こうして選んだ関数で最初の点を動かすと2番目の点になります．またサイコロを振って関数を1つ選び，それで2番目の点を動かすと3番目の点になります．このようにして毎回ランダムに選んだ関数で点を動かしていくと点の列ができます．こうして作った点の列は平面上に適当にばらまかれるのでなく，シェルピンスキー三角形の近くを動き回り，十分先の方になるとシェルピンスキー三角形全体を埋めるようになります．最初の100個の点は操作がまだ安定していないので無視して，そのあとの1万個の点を描くとシェルピンスキー三角形の綺麗な図ができます．この方法はどのような縮小変換の組で定義されるフラクタルに対しても有効で，コンピュータで描くのに使えます．図12のフラクタルはこのカオスゲームの方法で描いたものです．

自己アフィンフラクタル

アフィン変換は相似変換より広い概念で，方向によって異なるスケールで伸ばしたり縮めたりします．たとえばアフィン変換は正方形を長方形や平行四辺形に，円を楕円に写します．自己アフィンフラクタルは自分自身のアフィン変換による縮小コピーを集めてできている図形です．自己アフィンフラクタルも大きい図形と小さい図形をいくつか配置したテンプレートで表すことができますが，小さい図形は大きい図形の相似な縮小コピーでなく，縮小アフィンコピー（アフィン変換で写したもの）です．大きい正方形と小さい長方形または平行四辺形との組でできたテンプレートがその典型的な例

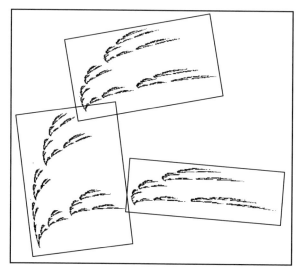

図16 自己アフィンフラクタルとそのテンプレート.

です. 図16は自己アフィンフラクタルです. そのテンプレートは
大きい長方形と3個の小さい長方形からできていて, それぞれの
小さい長方形が全体のアフィンコピーを含んでいます. 自己アフィ
ンフラクタルの場合は, それぞれの部分はある方向に伸ばされてい
てもかまいません. そのため自己相似フラクタルよりはるかに多く
の種類のフラクタルを作れます. 図17は自己アフィンシダと自己
アフィン木です. よく見るとどちらも5つのアフィンコピーから
できていることがわかります. テンプレートは5個の長方形や平
行四辺形からできています(テンプレート自体は図が煩雑になるの
で描いていません).

図17　自己アフィンシダと自己アフィン木.

統計的自己相似フラクタル

自己相似フラクタルは上とは別の拡張もできます．それはランダムさを導入することです．コッホ曲線の作り方を例にして説明しま

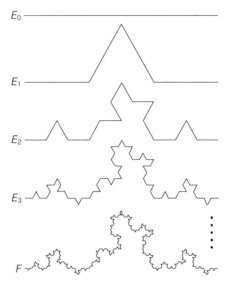

図 18 ランダム・コッホ曲線の作り方．コインを投げて表
なら上向き，裏なら下向きの突起をつける．

しょう．前と同じように線分から始めてこれを 3 等分して，中央
を取り除きます．この段階で今度はコインを投げます．もし表なら
前と同じように上向きの突起(∧)を中央につけ加えますが，裏なら
下向きの突起(∨)をつけます．次に，こうしてできた 4 本の線分を
それぞれ 3 等分して中央を取り除き，コインを投げて表なら上向
き，裏なら下向きの突起をつけます．このように毎回コインを投げ
て突起をつけながら続けていきます．こうしてできたものが図 18
のランダム・コッホ曲線です．このランダムな曲線は厳密には自己
相似ではなく，スケール $\frac{1}{3}$ のコピーをとっても元の図形の 4 つの
部分のどれともぴったり同じにはなりません．それでも 4 つの部
分は同じランダムな操作を行って作られたので，統計的に自己相似

であると言います.

　フラクタルの作り方にランダムさを導入すると多くの場合,自然界にあるものに近い図形ができあがります.たとえば「本物の」海岸線は不規則なので,コッホ曲線よりもランダム・コッホ曲線に似ています.森の梢の境界線も遠くから見ればフラクタルとみなせるでしょう.この場合,木の高さはランダムに分布しているので,境界線もランダムです.

フラクタル画像圧縮法

　画像圧縮とは比較的少ない情報量で,しかもよい精度で元の画像を再現できるようにコード化することです.この技術はインターネットでは欠かせません.コンピュータからケーブルまたはワイヤレス接続を経由してデータを送信する速さには限度がありますから,画像を1ピクセルずつ送ると非常に時間がかかります.この問題を解決するために,先に送り手側のパソコンで画像や動画をきわめて効率的にコード化し,受けとる側のパソコンではソフトウェアを用いてコードを解読し画面に表示します.

　画像圧縮は,どのような絵や写真にも余分な情報が十分にあるという事実を利用しています.コンピュータの画面上に,200万個のピクセル(ドット)でできていて,そのピクセルのそれぞれに1600万種類もある色が勝手につけられている画像があったとすると,これを再現できるように情報を圧縮することはできません.しかし現実の画像は色や質感が少しずつ変化するように色づけられています.たとえば空の大部分はほとんど同じ色でしょう.それに,同じようなパターンの繰り返しもあります.麦畑の一部はほかの部分と

そっくりです．圧縮の方法はこうした情報の冗長性を利用して画像の情報を減らしているのです．圧縮方法によっては一度データを圧縮してから復元した画像が元と同じにはならず，ピクセルの色が少し違ったりぼやける部分もあるかもしれません．それでも優れた圧縮法を用いれば，見た目は元の画像との違いがほとんどわかりません．

　ここまで，簡単な形のテンプレートから決まるさまざまなフラクタルを見てきました．特に，自然界にある木や雲やシダ，草などとそっくりの絵が，わずかな数の図形からなるテンプレートから作れます．こうした絵は，テンプレート（と向き）によって完全に決まり，テンプレートは図形の頂点の座標などで簡潔に表せます．このことを利用すると，複雑な画像を効率よくコード化できます．図17の木の絵は約30ビット（30個の0または1）で表せます．このように複雑な図形が小さいデータで決まり，そのデータから上に述べたフラクタルの描き方のどちらかを用いて絵が再現できます．

　マイケル・バーンスリーは1980年代後半にこの方法が画像圧縮に応用できることに気づきました．平面内のモノクロの画像に対して，その画像か，少なくともそのよい近似がアトラクターとなるような比較的少ない数の変換の組が見つかれば，画像の情報は少量のデータに圧縮できます．画像をスキャンするとその画像（または画像のよい近似）がアトラクターになるような変換の組を見つけてくれる自動スキャナーがあるのが理想なのですが．

　1990年代までにそうした変換の組を見つけるために多くの研究がなされました．1つの方法をざっくり説明します．まず画像を正方形に分割し，4個の正方形からなる2×2ブロックごとに見てい

きます．ブロックに含まれる画像の部分の $\frac{1}{2}$ 倍コピーにできる限り近い画像を含む正方形を 4 個の中で探します．これでブロックから正方形への相似変換ができます．うまくいけば，こうした相似変換を集めてきて元の画像と似たアトラクターをもつ変換の組を得ます．この方法は画像の中の近似的な自己相似性を探すことです．この方法は濃淡のあるグレースケールの画像，そしてカラーの画像にも使えます．

　フラクタル画像圧縮法はデータの圧縮率がきわめて良く，画像を復元したときほとんど解像度のロスがありません．その上，変換の組から画像を非常に高速かつ効率的に再現できます．短所は，画像のコード化のために正方形をスキャンする段階のコンピュータ処理にかなり時間がかかることです．特に，1990 年代半ばから後半にかけて動画を圧縮することが重要な課題となりましたが，そのときは自動コード化の処理速度が不十分でした．現在の画像圧縮の手法としては画像なら JPEG，動画の場合は MPEG とウェーブレットを合わせた方法が主流になり，フラクタル圧縮はそれほど使われていません．

3　フラクタル次元

　フラクタルの特徴は微細な構造です(第1章参照).つまりいくら拡大してみても何か構造が見えることです.「フラクタル次元」はこのことを数で表す試みで,フラクタルをどのくらい拡大すると,どのくらい細かい構造が見えてくるかを測って定義します.こうして定義したフラクタル次元は,フラクタルの複雑さを表す数で,高倍率で見たときフラクタルが空間を占めている割合を示します.フラクタル次元の定義はいろいろありますが,どの定義も何らかの意味で拡大しながら(より細かいスケールで見ながら)フラクタルの大きさを測ることと関係しています.この章では,よく使われる「ボックス次元(箱数え次元)」を紹介します.グリッド(格子)を描いてフラクタルと交わりをもつ正方形の数を数えることで求める次元です.

長さや面積ではうまくいかない

　図形の大きさを測ったり,計算で求めたりすることは数学,科学,そして日常生活で基本的なことです.測り方は測る対象の形によります.細い針金の一片や地図上に鉛筆で引かれた経路の場合は,長さを測ります.針金は1次元の図形です.つまり,針金の上のどの点の位置も,1つの数(たとえば針金の片方の端から針金

に沿って測った距離)で指定できます．一方，カードや，紙の上の色を塗った部分，球の表面などの場合は，面積を求めます．そうすればその面を塗るのに必要な絵の具の量がわかります．これらは2次元の図形です．2次元であるとは，図形の上の1点を指定するのに2つの数が必要だということです．たとえば球面の場合は緯度と経度で球面上の1点が指定できます．2次元の図形である長方形の面積は縦の辺と横の辺の長さの積です．それ以外の形は細かい長方形に分けてその面積を足し合わせれば(正確ではないとしても近似的には)面積が求められます．立方体や水の容器のような3次元の図形に対しては体積が重要です．要するに長さ，面積，体積はそれぞれ1次元，2次元，3次元の図形の大きさを測るのに適した方法です．図形に合っていない方法で測っても役に立ちません．紙の上に先の細いペンで描いた線は面積0とみなせます．インクで塗られた部分の面積は無視できますから．同じように薄いカードの体積は0とみなせます．一方で，カード自体の長さを考えるのも無意味です．カードにはくねくねとした長い線をいくらでも長く描くことができますから．カードは1次元の大きさである長さを測るには大きすぎて，3次元の大きさである体積を測るには小さすぎるのです．カードは2次元の図形ですから，2次元の大きさである面積こそがカードの大きさについて意味のある情報を与えます．面積なら0でも無限大でもない値になります．

　同じようにしてフラクタルに適した「大きさ」の測り方を探してみましょう．コッホ曲線に戻ります．第1章で，コッホ曲線に沿って細かい歩幅で歩いた距離を測ろうとすると，歩幅を小さくするにつれて測定結果はいくらでも大きくなることがわかりました．このことをきちんと見ていきましょう．図2に示したコッホ曲線

の作り方の各段階の図形の長さを測ります. 便宜上, 最初の線分 E_0 の長さを 1 とします. すると次の段階の E_1 は長さ $\frac{1}{3}$ の線分 4 本からできていますから, 全体の長さは $\frac{4}{3}≒1.333$ です. さらに次の E_2 は長さ $\frac{1}{9}=\frac{1}{3^2}$ の線分 16=4^2 本でできているので, 長さは $\frac{16}{9}=\frac{4^2}{3^2}=\left(\frac{4}{3}\right)^2≒1.778$ です. ここで数字の右肩についた 2 は数を 2 乗することを意味します(たとえば, $4^2=4\times4$ です). 同じように E_3 は長さ $\frac{1}{27}=\frac{1}{3^3}$ の線分 64=4^3 本からできているので, 全体の長さは $\frac{64}{27}=\frac{4^3}{3^3}=\left(\frac{4}{3}\right)^3≒2.370$ です. ここで数字の右肩の 3 は数を 3 乗することを意味します($4^3=4\times4\times4$ です). このように続けていくと, コッホ曲線を作る第 k 段階の図形 E_k は長さ $\frac{1}{3^k}$ の線分が 4^k 本ありますから, 全体の長さは $\frac{4^k}{3^k}=\left(\frac{4}{3}\right)^k≒1.333^k$ です. ここでも数字の右肩の k は k 乗する, つまり同じ数を k 回掛ける($4^k=4\times4\times\cdots\times4$ で掛け算の中に 4 が k 個現れる)という意味です. コッホ曲線の途中段階の図形の長さはかなりのスピードで増大します. 33.3% で膨れ上がる利子と同じ割合です. たとえば E_5 の長さは $\left(\frac{4}{3}\right)^5≒4.214$ で, E_{10} の長さは $\left(\frac{4}{3}\right)^{10}≒17.758$, E_{50} は $\left(\frac{4}{3}\right)^{50}≒1765780.963$ です. k が非常に大きいときは E_k はコッホ曲線の凹凸をたくさん含んでいますから, コッホ曲線のよい近似になっています. しかし近似がよくなるほど長さは増していきます. E_k の長さは $\left(\frac{4}{3}\right)^k$ で, k が大きくなるといくらでも大きくなります. 要するにコッホ曲線の長さは無限です. これは長さという方法で測るには大きすぎることを意味しています.

　それでは面積はどうでしょう. 紙の上にでたらめにうねうねと描いた線のように, コッホ曲線を先の細いペンで描いたとして, いくらでも細かいところまで描けたとしてもインクが塗ってある部分の

面積は無視できるほど小さく,全体の面積は 0 です.

このようにコッホ曲線は長さ(1 次元の大きさ)は無限で,面積(2次元の大きさ)は 0 です.1 次元の図形とみなすには大きすぎ,2次元の図形とみなすには小さすぎるのです.これから見ていきますが,コッホ曲線の次元はその中間の約 1.262 という「小数」で表されます.

ボックス次元

フラクタルの次元の定義のしかたはいくつかありますが,どれもフラクタルを異なる大きさのスケール(目盛)で測って,スケールを小さくしていったときに測定結果がどうふるまうかを見るという点で共通しています.ここでは小さいスケールで見たときに,フラクタルが平面のどのくらいの割合を占めているかを調べる「箱数え」の方法を使います.

集合(図形)があるとき,それに重ねて,短い辺の正方形(箱)でできたグリッドを描きます.そして集合と交わる,つまり(数学用語では)集合と共通部分をもつ箱の数を数えます.これをある範囲の細かさのグリッドを使って数えていきます.まず例として長さ 1 の線分を考えましょう.図 19 (a)を見ると線分は一辺 $\frac{1}{4}$ の箱 4 個と交わりをもち,一辺 $\frac{1}{8}$ の箱 8 個と交わりをもちます.このように続けていって交わりをもつ箱の数を表にすると以下のようになります.

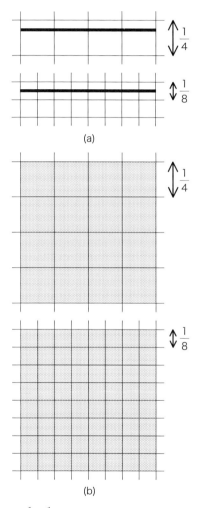

(a)

(b)

図 19 長さ $\frac{1}{4}$, $\frac{1}{8}$ のグリッドによる箱数え. (a)長さ 1 の
線分. (b)一辺の長さ 1 の正方形.

長さ 1 の線分						
箱の一辺の長さ	$\frac{1}{2}$	$\frac{1}{4}$	$\frac{1}{8}$	$\frac{1}{16}$	$\frac{1}{32}$	r
交わる箱の数	$2=2^1$	$4=4^1$	$8=8^1$	$16=16^1$	$32=32^1$	$\frac{1}{r}=\left(\frac{1}{r}\right)^1$

これを見ると，一辺 r のグリッドを描くとき線分と交わりをもつ箱の数はその逆数 $\frac{1}{r}$ 以上で $\frac{1}{r}$ に一番近い整数になり，それは r が小さいと $\frac{1}{r}$ に十分近くなります．同じことを一辺の長さ 1 で中が詰まった正方形に対して行うと，図 19 (b) からわかるように，一辺 $\frac{1}{4}$ の箱は $16=4^2$ 個が正方形と交わり，一辺 $\frac{1}{8}$ の箱は $64=8^2$ 個が正方形と交わり，一般に一辺 r の箱は $\frac{1}{r^2}$ 個が正方形と交わります．

一辺の長さ 1 の正方形						
箱の一辺の長さ	$\frac{1}{2}$	$\frac{1}{4}$	$\frac{1}{8}$	$\frac{1}{16}$	$\frac{1}{32}$	r
交わる箱の数	$4=2^2$	$16=4^2$	$64=8^2$	$256=16^2$	$1024=32^2$	$\left(\frac{1}{r}\right)^2$

ここで 2 つの表を見比べて注目したいことは，r が小さいとき線分と交わる一辺 r の箱の数は約 $\left(\frac{1}{r}\right)^1$ で，正方形と交わる箱の数は約 $\left(\frac{1}{r}\right)^2$ だということです．線分の場合の 1 と正方形の場合の 2 は，線分と正方形がそれぞれ 1 次元，2 次元の図形であることを表しています．

それでは，同じようにシェルピンスキー三角形（一辺 1 の正方形内に作るとします）を測ってみましょう．作り方から一辺 $\frac{1}{2}$ の箱 3 個が三角形と交わることはすぐにわかります．図 20 から一辺 $\frac{1}{4}$ の箱 9 個，一辺 $\frac{1}{8}$ の箱だと 27 個が三角形と交わることが見てとれます．箱の一辺の長さを半分にするごとに交わる箱の数は 3 倍になり，続けていくと一辺 $\frac{1}{2^k}$ の箱 3^k 個がシェルピンスキー三角

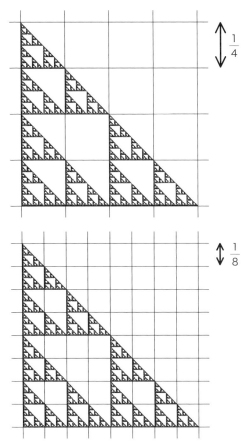

図 20 シェルピンスキー三角形に対する長さ $\frac{1}{4}$, $\frac{1}{8}$ のグリッドによる箱数え.

形と交わります.

　シェルピンスキー三角形についても線分および正方形と同じようにして, 箱の数 $3, 9, 27$ などを $\dfrac{1}{一辺の長さ}$ の何乗かの形で, つま

り 2, 4, 8 の何乗かで表したいと思います. 確かにそうした形で表せるのですが, ここで現れる数はもはや整数ではなく, 以下のように約 1.585 という小数になります.

シェルピンスキー三角形					
箱の一辺の長さ	$\frac{1}{2}$	$\frac{1}{4}$	$\frac{1}{8}$	$\frac{1}{16}$	r
交わる箱の数	$3 \fallingdotseq 2^{1.585}$	$9 \fallingdotseq 4^{1.585}$	$27 \fallingdotseq 8^{1.585}$	$81 \fallingdotseq 16^{1.585}$	$\left(\frac{1}{r}\right)^{1.585}$

この結果はシェルピンスキー三角形は約 1.585 次元の図形とみなせることを表しています.

　そうすると, ある数を「小数」乗するとはどういう意味かという疑問がうかびます. 整数乗ならば同じ数をその回数掛け合わせればよいので, たとえば

$$4^2 = 4\times4 = 16, \quad 4^3 = 4\times4\times4 = 64, \quad 4^4 = 4\times4\times4\times4 = 256$$

です. でも同じ数を 1.585 回掛けるにはどうしたらよいのでしょうか. ここでは正の数の小数乗はきちんと意味のある形で定義されているということだけ保証しておきましょう. 小数乗は数学や科学でよく使われ, 電卓にもその計算のためのボタンがあります. 普通 $[x^y]$ と書かれたものです. たとえば, $[4][x^y][1.4]$ の順で押すと 6.96 と表示されます. これが $4^{1.4}$ です. $[4][x^y][1.585]$ と押すと 9.0 と出て $4^{1.585}$ を計算したことになります. ある数を何乗かしたものを, その数の「べき」とよびますが, 4 のべきをいくつか表にしてみましょう.

	4^1	$4^{1.2}$	$4^{1.4}$	$4^{1.6}$	$4^{1.8}$	4^2	$4^{2.2}$
$\fallingdotseq$	4	5.28	6.96	9.19	12.13	16	21.11

数のべきについてもっと知りたい読者の方々のためにこの本の最後に付録をつけました.

さて箱数えに戻って，一辺の長さが r の正方形でできたグリッドのことを，簡単に一辺 r のグリッドとよぶことにします．平面上に何か図形があるとして，$N(r)$ を一辺 r のグリッドを描いたとき図形と交わる箱の数とします．r が小さいとき

長さ 1 の線分	$N(r)=\left(\dfrac{1}{r}\right)^{1}$
一辺の長さ 1 の正方形	$N(r)=\left(\dfrac{1}{r}\right)^{2}$
シェルピンスキー三角形	$N(r)=\left(\dfrac{1}{r}\right)^{1.585}$

となり，右肩の 1, 2, 1.585 がそれぞれの次元を表すことを見てきました．同じような箱数えは，上の例と大きさの異なる線分，正方形，シェルピンスキー三角形に対してもできます．たとえば前と同じように正方形の数を数えると次のようになります．

長さ 2 の線分	$N(r)=2\left(\dfrac{1}{r}\right)^{1}$
長さ 3 の線分	$N(r)=3\left(\dfrac{1}{r}\right)^{1}$
一辺の長さ 2 の正方形	$N(r)=4\left(\dfrac{1}{r}\right)^{2}$
一辺の長さ 3 の正方形	$N(r)=9\left(\dfrac{1}{r}\right)^{2}$
底辺の長さ 2 のシェルピンスキー三角形	$N(r)=3\left(\dfrac{1}{r}\right)^{1.585}$

ここでも $N(r)$ の式で $\left(\dfrac{1}{r}\right)$ の右肩にある数はその集合の次元を表しますが，その前に別の数が掛かっています．その数は線分の長さ，正方形の面積，シェルピンスキー三角形の大きさ(とみなせる)

数になっているようです.

　線分,正方形,シェルピンスキー三角形に対しては箱数えは簡単で,一辺の長さを $\frac{1}{2}, \frac{1}{4}, \frac{1}{8}$ にすればきれいにグリッドに収まります.他の図形に対しては正確な数を求めるのは難しいかもしれませんが,ていねいに数えるか多少の計算をすれば $N(r)$ に十分近い値が得られます.たとえば r が小さいとき次の値が $N(r)$ に十分近いです.

半径 1 の円周	$N(r) = 8 \left(\dfrac{1}{r} \right)^1$
半径 3 の円周	$N(r) = 24 \left(\dfrac{1}{r} \right)^1$
コッホ曲線	$N(r) = \left(\dfrac{1}{r} \right)^{1.26}$

このことから円の次元は予想通り 1 になり,コッホ曲線の次元は約 1.26 です.

　これまで見てきた箱の数を表す式はどれも同じ形をしています.$N(r) = 4 \left(\dfrac{1}{r} \right)^2$ のような式はべき**乗則**とよばれます.$\frac{1}{r}$ という数の右肩に,数が乗っています.この場合は 2 です.この右肩に乗っている数がべき乗則の**指数**で,前に掛かっている数 4 は**乗数**とよばれます.たとえば一辺の長さ 2 の正方形から作られたシェルピンスキー三角形と交わる箱の数は指数約 1.585,乗数 3 のべき乗則を満たします.

　フラクタルと交わる箱の数が(厳密にまたは近似的に)指数 d のべき乗則を満たすとき,古典的な 1 次元および 2 次元の図形との類推で d はフラクタルの次元とみなせます.ですから,あるフラクタルと交わる箱の数が近似的に $N(r) = 3 \left(\dfrac{1}{r} \right)^{1.5}$ なら,そのフラクタルは 1.5 次元で,たとえばそのフラクタルと交わる一辺 0.01

の箱の数は約 $3 \times \left(\dfrac{1}{0.01}\right)^{1.5} = 3 \times (100)^{1.5} = 3000$ となります.

対数の役割

あるフラクタルと交わる箱の数が,少なくとも近似的には,指数 d,乗数 c のべき乗則 $N(r) = c\left(\dfrac{1}{r}\right)^d$ を満たすとしましょう.いろいろな r の値に対する箱の数 $N(r)$ を求めたとき,そこから d の値を出すにはどうすればいいでしょうか.ここで対数が役立ちます.

対数は指数と密接な関係があります.ある数の対数(英語で対数は logarithm なのでそれを略して log という記号を使います)とは 10 の右肩に乗せるとその数になるものです.たとえば,$10^2 = 100$ ですから $\log 100 = 2$ であり,$10^3 = 1000$ より $\log 1000 = 3$ です.一般には指数は整数とは限らず,$10^{0.3010} = 2$ から $\log 2 = 0.3010$ となります.以下にいくつか例をあげます.

n	1	2	3	4	5	6	7	8	9	10
$\log n$	0	0.3010	0.4771	0.6021	0.6990	0.7782	0.8451	0.9031	0.9542	1

電卓にはたいてい [log] と書かれた対数ボタンがあります.たとえば [log][5] と押すと 0.6990 と表示されます.数が大きくなるとその数の対数も大きくなります.

対数の基本的で便利な性質は掛け算を足し算に直すことです.つまり,任意の正の数 a, b について

$$\log(a \times b) = \log a + \log b \tag{1}$$

がなりたちます.2 つの数を掛け合わせたものはそれらの数の積とよばれますから,(1)は**対数の積法則**として知られています.た

えば

$$\log 12 = \log(3{\times}4) = \log 3 + \log 4 \fallingdotseq 0.4771 + 0.6021 = 1.0792$$

です．電卓が世に出る前の 1970 年頃までは，誰もが高校 1 年で対数表を習っていました．対数表は計算しにくい積を求めるために広く用いられていました．その方法は，まず掛け合わせる 2 つの数の対数を対数表で探します．それを足すと 2 つの数の積の対数になります．つぎに対数表を逆引きして求める積を得ます．

積法則からすぐわかることは，(1)で $b{=}a$ とすると

$$\log a^2 = \log(a{\times}a) = \log a + \log a = 2\log a$$

となることです．ある数の 2 乗の対数は，その数の対数の 2 倍ということです．同じようにある数を 3 乗すると，その対数は 3 倍になります．一般にある数を d 乗すると対数は d 倍，すなわち

$$\log a^d = d\log a$$

となります．これが**対数のべき法則**です．たとえば，$64{=}4^3$ですから

$$\log 64 = \log 4^3 = 3\log 4 \fallingdotseq 3{\times}0.6021 = 1.8063$$

です．対数の積法則と対数のべき法則に関するもう少し詳しいことは付録にのせました．

これで準備ができました．箱の数のべき乗則 $N(r){=}c\left(\dfrac{1}{r}\right)^d$ に戻りましょう．この式の指数 d を求めようとしていたのでした．両辺の対数をとって，まず対数の積法則，つぎに対数のべき法則を用いると

$$\log N(r) = \log\left(c\left(\frac{1}{r}\right)^d\right)$$

$$= \log c + \log\left(\frac{1}{r}\right)^d$$

$$= \log c + d\log\left(\frac{1}{r}\right) \tag{2}$$

となります. 各辺を $\log\left(\frac{1}{r}\right)$ で割ると d が出てきて

$$\frac{\log N(r)}{\log\left(\frac{1}{r}\right)} = \frac{\log c}{\log\left(\frac{1}{r}\right)} + d,$$

これより

$$d = \frac{\log N(r)}{\log\left(\frac{1}{r}\right)} - \frac{\log c}{\log\left(\frac{1}{r}\right)}$$

となります. 一見, 次元 d を求めるのに関係ない乗数 c が入っているため, この式では役に立たないように思えるかもしれません. でもフラクタルの微細な構造を調べるときに重要なのは, 一辺 r のグリッドが細かいときの箱の数です. r が小さければ $\frac{1}{r}$ は大きくなるので, $\frac{\log c}{\log\left(\frac{1}{r}\right)}$ は小さくなります. 実際, r がとても小さければこの項は無視できるようになり, $d = \frac{\log N(r)}{\log\left(\frac{1}{r}\right)}$ とみなしてかまいません. 仮にべき乗則が近似的にしかなりたたないとしても同じ式が使えます.

　ここまでで, r が小さいとき, 箱の数のべき乗則の指数は $\frac{\log N(r)}{\log\left(\frac{1}{r}\right)}$ に近いことがわかりました. これにもとづいてフラクタ

ルの次元を正式に定義しましょう．この定義は古典的な幾何学図形に対しても有効で，どんな集合に対しても使えます．

フラクタル次元またはボックス次元（箱数え次元）を

$$d = \lim \frac{\log N(r)}{\log\left(\frac{1}{r}\right)} \tag{3}$$

で定義する．

この式で，$N(r)$ は一辺 r のグリッドを描くときフラクタルと交わる箱の数で，$\lim$ は極限（limit）を省略したもので r を小さくしていくとき $\frac{\log N(r)}{\log\left(\frac{1}{r}\right)}$ が近づく数を意味します．

さっそくこの式を使ってみましょう．コッホ曲線に対して箱数えを行います．さまざまな長さの辺のグリッドを重ねて，箱の数を（グリッドが細かいときには忍耐強く）数えると以下のような結果になります．

r	$\frac{1}{4}$	$\frac{1}{8}$	$\frac{1}{16}$	$\frac{1}{32}$	$\frac{1}{64}$	$\cdots$
$N(r)$	6	14	33	78	189	$\cdots$
$\dfrac{\log N(r)}{\log\left(\frac{1}{r}\right)}$	1.292	1.269	1.261	1.257	1.260	$\cdots$

3行目はそれぞれのグリッドに対する $\frac{\log N(r)}{\log\left(\frac{1}{r}\right)}$ の値を表しています．r が小さくなるにつれグリッドは細かくなりこの数は 1.26 に近づきます．実際，r を限りなく小さく（グリッドを限りなく細

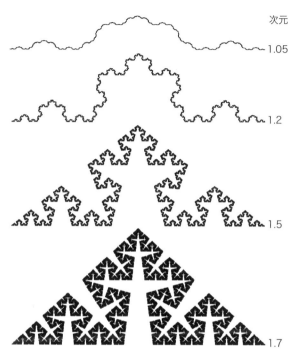

次元

1.05

1.2

1.5

1.7

図21 ジェネレータの線分の間の角度によってコッホ曲線
の次元は変化する.

かく)すれば $\dfrac{\log N(r)}{\log\left(\dfrac{1}{r}\right)}$ は 1.2618... という数に限りなく近づきま

す. この 1.2618... をコッホ曲線の次元とみなしましょう. 箱の数

は, c を定数として $N(r){=}c\left(\dfrac{1}{2}\right)^{1.2618...}$ という形のべき乗則にし

たがうことがわかります. 実は 1.2618... は $\dfrac{\log 4}{\log 3}$ のことで, あと

で見るように, コッホ曲線が自分自身の $\dfrac{1}{3}$ 倍のコピー 4 個からで

きていることによります.

　同じような方法でほかの多くのフラクタルのボックス次元も求

められます．図12の雪片とらせんの次元はそれぞれ約1.535と約1.585です．平面内のフラクタルの次元は0と2の間のどのような値もとれます．コッホ曲線を作るときの基本図形（ジェネレータ，第1章参照）の線分の間の角度を変えていけば，次元は1と2の間のすべての値をとって変化します．図21にいくつかの例を示しましたが，曲線のギザギザの度合いが激しくなるほど次元は大きくなります．

自然界への応用

シダ，森の梢の境界線，海岸線，浅いシャーレにできる結晶，ふわふわした雲の輪郭といった自然界のフラクタルの次元を求めるのに箱数えは便利な方法です．シダを写真に撮って，その上に一辺の長さrのグリッドを描いてシダと交わる正方形の箱の数$N(r)$を数えます．rの値を変えていって対応する$N(r)$を数えて定義式(3)を使います．

ここで注意が必要です．コッホ曲線のように数学的に定義されたフラクタルは，ある操作を無限に繰り返して作られているので細かいところまできっちりと決まっています．どのようなスケールで見てもフラクタルになっていて，箱の数のべき乗則はいくら小さいスケールでもなりたちます．一方，現実のフラクタルは限られた範囲のスケールでしかフラクタルになっていません．もし箱が大きすぎればフラクタルと交わる箱は少なすぎて，数えても役に立つ情報は得られません．逆に箱が小さすぎればほかの要素が効いてきます．シダは10 cmから5 mmまでの範囲で見れば図17のフラクタルのように見えますが，もっと細かいところを見ればシダの縮小コピー

ではなく歯のような突起しか見えません．このように，フラクタル
であるという仮定は小さすぎるスケールではなりたちません．現実
の物の場合，同じような不規則性をもつ限られた範囲でしか箱の数
はべき乗則を満たしません．この範囲を**フラクタル性の範囲**とよび
ます．

　ここで次元を求めるのに困ったことが起こります．コッホ曲線は
いくらでも細かいところまできっちりと定義されているので，原理
的にはいくらでも小さいスケールで箱の数が求まります．コッホ曲
線を拡大コピーして，ていねいに辛抱強く数えればいいのです．次
元の定義式(3)は，箱の大きさを限りなく小さくしたとき何が起こ
るかで決まり，箱が大きいときの箱数えには無関係です．でも現実
のフラクタルではそうはいきません．箱数えを限られた範囲のス
ケールでおこなうしかなく，その限られた情報を精一杯利用して次
元を求めなくてはならないのです．

　式(2)はべき乗則の両辺の対数をとったもので，

$$\log N(r) = d \log\left(\frac{1}{r}\right) + \log c \qquad (4)$$

と表されていました．もし箱の数が非常に細かいグリッド，つまり
非常に小さい r に対しても求められるならば，$\log N(r)$ も $\log\left(\frac{1}{r}\right)$
もともに大きくなり，$\log c$ は無視できて $\dfrac{\log N(r)}{\log\left(\frac{1}{r}\right)}$ が d のよい近
似式になります．しかし比較的大きいグリッドに対してしか $N(r)$
が求められない場合は，$\log\left(\frac{1}{r}\right)$ も $\log N(r)$ も十分大きくならず
$\log c$ が無視できません．

　幸いなことに，この問題は回避できるのです．方程式 $y=3x+2$
のグラフを描くとしましょう．各 x に対して座標 $(x, 3x+2)$ の点

をプロットすると直線になります. この方程式の中の3は直線の傾きで, x の値をある量だけ増すと, 対応する y の値はその3倍増すことを意味しています. 一般に, d と a を定数とするとき, 方程式 $y = dx + a$ のグラフは傾き d の直線で, 傾きは a の値には無関係です. したがって, 方程式を満たす2つの点の (x, y) の値がわかれば, それらを通る直線のグラフを描くと傾き d がわかります. 同じことが式(4)に対しても言えます. 箱数えをおこなったいくつかの r の値に対して, 座標が $\left(\log\left(\dfrac{1}{r}\right), \log N(r)\right)$ となる点をグラフ用紙にプロットしてこれらの点を通る, またはできるだけ近くを通るような直線を描けば, $\log c$ の値とは無関係に, この直線の傾き d が決まり, それが考えている図形のフラクタル性の範囲における次元なのです.

それでは, イギリス諸島の海岸線の長さという古典的問題を考えましょう. 海岸線を細かく見るほど, 細かいギザギザが見えてきて, 海岸線は $100\,\mathrm{m}$ から $100\,\mathrm{km}$ のスケールの範囲でフラクタルのようにふるまいます. 図22 (a)のように地図の上にグリッドを重ねると(この図では一辺 $60\,\mathrm{km}$), 次のような箱数えの結果を得ます.

グリッドの一辺 r (km)	140	100	60	30	20
箱の数 $N(r)$	33	55	103	217	399
$\log\left(\dfrac{1}{r}\right)$	-2.146	-2.0	-1.778	-1.477	-1.301
$\log N(r)$	1.519	1.740	2.013	2.336	2.601

このデータに対して座標が $\left(\log\left(\dfrac{1}{r}\right), \log N(r)\right)$ となる点をプロットしたものが図22 (b)で, できる限りこれらの点の近くを通る「最良」の直線が描いてあります(実際には r が小さいときのデー

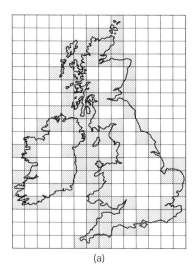

(a)

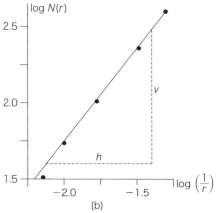

(b)

図22 (a)イギリス諸島の海岸線の長さを測るための箱数
え.(b)箱数えを対数でプロットしたグラフ.この直線の
傾き $\dfrac{v}{h}$ が次元のおおよその値となる.

タは細かい構造の情報を多く含むので，最良の直線を求めるとき他の点より重視しています）．次元はこの直線の傾き（横に h 変化したときの縦の変化分を v としたときの $\frac{v}{h}$）です．傾きは約 $\frac{0.87}{0.72} =$ 1.21 でこれを海岸線の次元とみなします．もちろんこれは近似値で，箱数えができる r の範囲が広いほど信頼できる値になります．それでもフラクタル性はスケールがある程度小さくなるとなりたたなくなります．実際，水際では海岸線が変化するので正確な海岸線という概念はもはや意味をもたなくなります．

　上にあげた方法によって実際に存在する多くのフラクタルの次元が求められます．たとえば，シダの葉は 1〜20 cm の範囲でフラクタルとみなせて約 1.5 次元，シャーレで電気分解を行ったときに析出する銅（第 5 章参照）は 2 mm から 5 cm の範囲でフラクタルとみなせて約 1.7 次元です．

　これまでは平面内のフラクタルのみを考えてきました．これは単に図が描きやすいという理由からです．現実の物体は 3 次元空間の中にあります．空間内のフラクタルの次元も平面内と同じように定義できて，同じ式(3)で箱数えのべき乗則に現れる指数として現れます．ただ，今度は一辺 r の立方体のグリッドを重ねて図形と交わる立方体の数 $N(r)$ を数えることになります．実際は交わりをもつ立方体の数を数えるなんてとてもできません．植物を含む空間を小さい立方体に分割して，そのうち何個が植物の一部を含んでいるかを数えるのはとても無理です．しかしこんなことをしないですむ方法があるのです．その方法はこのあと紹介します．

自己相似なフラクタルの次元

　自己相似なフラクタルの次元を求める場合は，自己相似性を直接利用できます．シェルピンスキー三角形の次元を箱数えの方法で求めたとき，グリッドの一辺の長さを半分にするごとに箱の数は3倍になりました．すなわち小さい r に対して

$$3N(r) = N\left(\frac{r}{2}\right)$$

です（図20参照）．箱の数が $N(r)=c\left(\dfrac{1}{r}\right)^d$ の形のべき乗則を満たすと仮定してこれを上の式に代入します．

$$3c\left(\frac{1}{r}\right)^d = c\left(\frac{1}{\frac{r}{2}}\right)^d = c\left(\frac{2}{r}\right)^d = c2^d\left(\frac{1}{r}\right)^d.$$

各辺を $c\left(\dfrac{1}{r}\right)^d$ で割ると

$$3 = 2^d$$

となります．d を求めるには，両辺の対数をとって対数のべき法則を使い

$$\log 3 = \log(2^d) = d\log 2,$$

さらに両辺を $\log 2$ で割ると $d=\dfrac{\log 3}{\log 2}$ となります．シェルピンスキー三角形の次元は，箱の数がしたがうべき乗則の指数ですから，次元は $\dfrac{\log 3}{\log 2}$ です．

　ここではシェルピンスキー三角形の次の性質を使っています．シェルピンスキー三角形はそれ自身の $\dfrac{1}{2}$ 倍のコピー3個からできていますから，グリッドの一辺を半分にすると交わる箱の数は3倍

になります. 他の自己相似なフラクタルの次元も同じような方法で
求められます.

> フラクタルが自分自身の $\frac{1}{b}$ 倍のコピー a 個でできていると
> き, その次元は $\frac{\log a}{\log b}$ である.

たとえば, コッホ曲線は自分自身の $\frac{1}{3}$ 倍のコピー 4 個でできて
いるので, その次元は $\frac{\log 4}{\log 3} = 1.2618...$ となり前に求めたのと同
じ結果になります.

次元が分かったあとは?

「このひもの長さはどのくらいか?」という(ごく日常的な)問い
に「ひもは 1 次元である」と答えても何の役にも立ちません. そ
のひもが小包をしばるのに十分か, 絵を掛けるのに使えるかを知る
には「50 cm」とか「30 インチ」と言う方が役に立ちます. ひも,
糸, 針金のように 1 次元のものに対しては, 長さが大きさに関す
るさらに詳しい情報を与えます. 紙, ガラス板のような 2 次元の
ものに対しては面積が適した測り方であり, 木片やグラスに入った
ビールの場合は体積すなわち 3 次元の測り方をすることが必要で
す. それぞれの次元に応じて長さ, 面積, 体積などそれに合った大
きさの測定方法があります. 同じように, それぞれのフラクタル次
元に応じて, 自然な大きさの測り方があります. だいたいの感じを
つかむために, べき乗則に戻りましょう. そこにはこれまで注目し
ていなかった情報があります. 一辺の長さが 1, 2, 3 の正方形と交

わりをもつ一辺 r のグリッドの箱の数は, r が十分小さいときそれ
ぞれ $1\left(\dfrac{1}{r}\right)^2, 4\left(\dfrac{1}{r}\right)^2, 9\left(\dfrac{1}{r}\right)^2$ でした. 乗数の $1,4,9$ は, 実は一辺
の長さが $1,2,3$ の正方形の面積を表しています. このように正方
形と交わる箱の数がべき乗則 $c\left(\dfrac{1}{r}\right)^2$ にしたがっているならば, そ
れは正方形が 2 次元の図形であることを意味するだけでなく, 面
積つまり 2 次元的な大きさが乗数 c であることを意味しています.
実際, 平面上のどのような図形でも小さい r に対して面積 c を乗数
としてべき乗則 $c\left(\dfrac{1}{r}\right)^2$ がなりたちます($c=0$ となる場合もありま
すが).

　同じように細かいグリッドを使って求めたフラクタルの箱の数が
c,d を定数として $N(r)=c\left(\dfrac{1}{r}\right)^d$ の形のべき乗則を満たすならば,
フラクタルの次元が d であることのほかに, d 次元フラクタルのグ
ループの中でその「大きさ」が c であることも意味しています. 面
積が 2 次元の大きさを表すというのと同じ意味で, この c はフラク
タルの「d 次元の大きさ」を表しています.

　これらの大きさが拡大縮小に対してどう変化するかを調べてみ
ましょう. 図形を 2 倍するとき(コピー機で拡大率 200% を選んだ
とき)線分や曲線の長さは 2 倍になりますが, 正方形や円の面積は
$2^2=4$ 倍になります(図 23 参照). 今度は 3 倍すると(拡大率 300%)
長さは 3 倍に, 面積は $3^2=9$ 倍になります. 上で考えた d 次元の大
きさも似たふるまいをするのですが, 現れる指数は次元 d です.
コッホ曲線の箱の数は $N(r)=\left(\dfrac{1}{r}\right)^{1.26}$ というべき乗則に(近似的
に)したがいます. ですから(一辺 r の代わりに)一辺 $\dfrac{r}{2}$ のグリッ
ドを使えば正方形のうち約 $\left(\dfrac{2}{r}\right)^{1.26}$ 個がコッホ曲線と交わりを
もちます. コッホ曲線とそれに重ねたグリッドを同時に 2 倍に拡大
するとグリッドは一辺 r になりますが, そのうち 2 倍にしたコッ

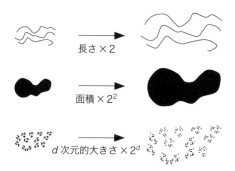

長さ×2

面積×2²

d 次元的大きさ×2^d

図23 図形を2倍に拡大すると長さ，面積，d 次元的大き
さは何倍になるか？

ホ曲線と交わるものは前と同じ $\left(\dfrac{2}{r}\right)^{1.26}=2^{1.26}\left(\dfrac{1}{r}\right)^{1.26}$ 個です．つ
まり2倍にしたコッホ曲線の箱の数は $N(r)=2^{1.26}\left(\dfrac{1}{r}\right)^{1.26}$ です．
このべき乗則の式の乗数は $2^{1.26}$ ですから2倍にしたコッホ曲線の
1.26次元的大きさは $2^{1.26}\fallingdotseq2.39$ です．同じように3倍するとその
大きさは $3^{1.26}\fallingdotseq3.99$ 倍になります．同じことが一般の d 次元のフ
ラクタルに対してもなりたち，図形を2倍すると d 次元的大きさ
は 2^d 倍，3倍すると 3^d 倍になります．

　べき乗則の乗数 c を「d 次元的大きさ」とよんできましたが，こ
の c を取り出すのは実のところ容易ではありません．そもそも乗数
は定数だと仮定してきましたが，実際には r とともに多少増えた
り減ったりします．それでもここで考えてきたことは，なじみのあ
る長さ，面積，体積の概念をフラクタル次元に対して拡張する自然
な試みです．これを正式に定義したものが，数学で広く使われてい
る d 次元ハウスドルフ測度です．この名称はドイツの数学者フェ
リックス・ハウスドルフ（Felix Hausdorff）（1868-1942）からきてい
ます．

次元の性質

　ここで定義したボックス次元が,「次元」とよぶにふさわしいものであるためには, いくつかの自然で素直な性質をもつことが必要です. ボックス次元は古典的な次元の概念をより広い対象に使えるようにしました. 円や楕円のようななめらかな曲線のボックス次元は1で, なめらかな曲面や中の詰まった正方形のような平面図形のボックス次元は2であり, 整数の値をとる古典的な次元の拡張となっています. ボックス次元は曲線や曲面だけでなくどのような図形に対しても定義できます. ここでは, よく知られている概念から始めてそれをより広い対象へ一般化する, という方法によって進めてきましたが, そうした方法は数学ではよく使われていて多くの重要な発展へと導いています.

　さて, 次元とよぶにはいくつかの欠かせない条件があります. まず,「図形が大きいほど次元は大きい」ことです. たとえばシェルピンスキー三角形の一部を消すと元より小さい集合になり, その次元は元のシェルピンスキー三角形の次元 1.585... 以下になります.

　平面内に散らばる有限個の点でできている集合の次元は0です. 一方で平面内の図形の次元は, 平面自体の次元2を超えられません. 同じように3次元空間内のフラクタルの次元(ボックス次元は立方体の数を数えて求めます)は3以下です(数学と物理の分野によっては3次元より大きい次元も考えますが, ここでは深入りしないことにしましょう).

　平面内の連続な曲線の次元は必ず1以上になります. 逆に, もしフラクタルの次元が1より小さいならば, そのフラクタルは必ず「塵のようにバラバラ」, 数学用語では「全不連結」になります.

つまりそのフラクタルはスカスカで，フラクタル上のどの2点の間もフラクタルの外に出ずにたどることはできません．もしフラクタル内のつながった道に沿ってたどることができれば，フラクタル次元はその道の次元である1以上ということになってしまうからです．

　平面内に2つのフラクタル，たとえばフラクタルで作った2つのシダがあるとき，この2つをまとめて1つの図形とみなして，全体に対して箱数えをすればボックス次元が決まります．このとき2つを合わせた図形のボックス次元は（ふつうは）元の図形のボックス次元のうちの大きい方になります．大きい方の次元が小さい方に勝つのです．したがって，コッホ曲線の一端に線分を貼りつけた図形の次元は1.26，つまり1と1.26の大きい方です．

　次元は，なめらかに図形を変形しても変わらないという意味で安定な量です．フラクタルを薄いゴム膜に描いてなめらかに伸ばしたりひねったりしても，ボックス次元は変わりません（ただし折り目やとがった角やよじれができないように気をつけなければいけません）．特に，フラクタルを相似変換しても次元は変わりません（d次元的大きさは変わるかもしれませんが）．

　さて，直線でフラクタルを切ってその切り口を見てみましょう．ちょうど直線の上にのるフラクタルの点の集合です．切り口の図形の次元は一般には素直なふるまいを示します．試しに，図11のシェルピンスキー三角形と交わるように直線を引いてみましょう．どの向きでもかまいません．切り口は直線上に散らばった塵のようなフラクタルになります．その次元はほとんどの場合約$0.585 = 1.585 - 1$で，シェルピンスキー三角形の次元から1を引いた値になります．ほとんどの場合と言ったのは，図を見ればわかります

が，直線の引き方によっては切り口が線分になり次元が1になることもあるからです．たとえば，水平な線をうまく引くとそうなります．しかし，そのような直線の引き方は例外的で，ランダムに直線を引くとたいていの切り口の次元は約 0.585 です．一般に，直線による「典型的な」(「ランダムな」)フラクタルの切り口は元のフラクタルより1だけ少ない次元のフラクタルになります．フラクタルの次元から1を引くと負の数になる場合は，そもそもフラクタル自体がスカスカでたいていの直線とは交わりをもちません．このように2次元平面内のフラクタル全体でなく，1次元の直線の上にのるようなフラクタルの一部を見ると，フラクタル全体と比べて次元は1だけ下がります．

　次元は影や写真についても素直なふるまいをします．3次元空間のフラクタル植物を考えるとわかりやすいでしょう．その影や写真は平面内の図形ですから箱数えで次元が求められます．典型的な写真の次元と元のフラクタル植物の次元の間には関係があります．フラクタル植物の次元が2以上なら，その写真は次元が2で面積が正になるような図形です．もし2より小さければ，写真の次元は元のフラクタル植物の次元と同じです(このことは数学の重要な射影に関する定理を大雑把に言いかえたものです)．この原理のおかげで空間内の図形のボックス次元が平面内の図形の箱数えによって求められます．

次元の限界

　次元から，フラクタルの基本的な性質と，拡大するとどうなるかはわかりますが，次元という1つの数がわかっただけでは情報は

限られていて，異なる形を区別することはできません．

　次元は等しくても形が異なるフラクタルはいくらでも作れます．たとえば，1.26 次元のフラクタルといっても，コッホ曲線のような連続な曲線も，シェルピンスキー三角形のような穴だらけのものも，木の枝のような図形も，塵のような図形も，さまざまな間隔で平行に並んだ直線からなる縞の形もあります．このような図形の区別をする数学の分野がトポロジーです．

　こうしたフラクタルの「手ざわり」について，次元はほとんど何も教えてくれません．そうした特徴を表すのに種々の量が導入されています．たとえば，間欠性（lacunarity，ラテン語の穴を表す lacuna に由来）と多孔性（porosity，ギリシャ語で通過を表す poros に由来）は，図形の中の穴の大きさの分布を表しています．シェルピンスキー三角形は高い間欠性をもちます．こうした概念は地質学や土壌学などで用いられ，岩の中を石油や化学肥料が通り抜けられるような隙間のネットワークの構造を知るために重要です．

　「フラクタル性」を表す別の概念も提案されましたが，多くは技術的なもので理論面や実用面で使いにくいものです．たとえば，「局所的な次元」という概念があります．それは小さな円板をフラクタルに沿っていろいろ動かしてその円板内に含まれる部分の次元の変化を見るものです．しかし現実のフラクタルではフラクタル性の範囲はそれほど広くないので，そのような量にはあまり意味がありません．

　こうした限界があるにもかかわらず，次元は役に立つ量です．次元は図形の拡大縮小に対するふるまいを表し，多くの場面で重要です．次元は簡単な式で定義され，箱数えなどの方法を使えば簡単に値が求められ，理論的にも扱いやすい量です．次元が数学，科学，

社会科学で扱うフラクタルに対する主要な道具であることは驚くことではありません．ただし，使い方と解釈には注意が必要です．

4 ジュリア集合とマンデルブロ集合

　ジュリア集合とマンデルブロ集合は目にする機会の多いフラクタルで，専門家の目にも一般の人の目にも美しい図形です．現代アートにも取り入れられて，SF 映画の背景や神秘的なシンボルなどに使われています．マンデルブロ集合の複雑さには圧倒されるほどで，その数学的な性質はまだ十分理解できているとは言えません．それでも定義は簡単で，数行のプログラムでパソコン画面に表示することができます．これまで見てきたほかのフラクタルと同じように平面上を移動する点の軌跡から決まり，簡単な操作を繰り返すだけで複雑きわまりない図形ができる例です．

　ジュリア集合とマンデルブロ集合も座標表示した関数の繰り返しで表すことができますが，複素数を使って表すと関数の簡潔なエレガントさが際立ちます．

複素数

　ある数の平方根とは，2 乗したときにその数になる数として定義されます．たとえば，$3^2=(-3)^2=9$ ですから 9 の平方根は 3 と -3 です．奇妙なことに，普通の数，つまり実数の世界では正の数は平方根をもちますが，負の数は平方根をもちません．どの数も 2 乗すると必ず 0 以上になるので 2 乗して -9 になる実数はありませ

ん. ですから, $-9, -100, -\dfrac{1}{4}$ のような負の数は平方根をもちませ
ん. このような正と負で非対称な状況は何千年もの間数学者にとっ
て気持ちの悪いものでした. その気持ち悪さは 16 世紀になってや
っと解消されました. 負の数の中で最も基本的な数である -1 の平
方根という新しい概念が導入されたのです.

このように, 普通の数の体系に $\sqrt{-1}$, すなわち -1 の平方根と
みなせる「数」を追加します. この数を i という記号で表し, 2 乗
すると -1 になる数として定義します. つまり $i^2 = i \times i = -1$ です.
i を用いれば, すべての負の数の平方根を表すことができます.
たとえば, $(3i)^2 = 3^2 \times i^2 = 9 \times (-1) = -9$ から $\sqrt{-9} = 3i$ です. また,
$\sqrt{-100} = 10i$, $\sqrt{-\dfrac{1}{4}} = \dfrac{1}{2}i$ です. このように i を導入すると数の体
系が拡張できて, そこでは足し算, 引き算, 掛け算, 割り算が矛盾
なくできます.

x, y を実数, i を -1 の平方根として, $x+yi$ の形の「数」を複素
数とよびます. x と y をそれぞれ $x+yi$ の実部, 虚部とよびます.
たとえば

$$1+3i, \ 2+i, \ 3-5i, \ 0-3i, \ \frac{1}{2}+\frac{3}{4}i, \ -1.5+2.8i$$

は複素数で, $2+3i$ の実部は 2, 虚部は 3 です. 複素数を 1 つのも
のとみなすと便利なので, $z = x+yi$ と書いて「複素数 z」とよぶこ
とにします.

さて, 複素数の基本演算である足し算, 引き算, 掛け算について
は, $i^2 = -1$ ですから i^2 が現れるたびに -1 と書き換えさえすれば
これまでの足し算, 引き算, 掛け算がそのまま使えます. 例をあげ
ると

$$(1+3i)+(2+i) = (1+2)+(3i+i) = 3+4i,$$

$$(1+3i)-(2+i) = (1-2)+(3i-i) = -1+2i.$$

複素数は実部と虚部の i 倍の和ですから，掛け算は学校で習う $(a+b)(c+d)=ac+ad+bc+bd$ という公式を使って計算します．例として複素数 $2+i$ の 2 乗を計算してみましょう．

$$(2+i)\times(2+i) = (2\times2)+(2\times i)+(i\times2)+(i\times i)$$
$$= 4+2i+2i+i^2$$
$$= 4+4i-1$$
$$= 3+4i.$$

ここで 2 行目の式から 3 行目の式へ移るときに $i^2=-1$ を使いました．したがって，$(2+i)^2=3+4i$ です．

　複素数は図示することもできます．複素数 $z=x+yi$ を平面上の座標 (x,y) にある点とみなして，このとき平面を**複素平面**とよびます．このように平面上の点は 2 通りの方法でとらえることができます．座標表示と複素数です．座標が $(4,2)$ である点は複素数 $4+2i$ ともみなせます．図 24 にさまざまな複素数の位置を示しました．原点は複素数 $0+0i$ に対応します．

　さて，複素数 z の平面上の位置を表すには別の便利な方法もあります．それには原点と z を直線で結びます．この直線の長さ，つまり原点からの距離を z の**大きさ**（**絶対値**ともいう），この直線と x 軸の正の部分との間の角度（反時計回りに測る）を z の**角度**（**偏角**ともいう）とよびます（図 24 参照）．複素数 z の角度と大きさがわかれば，どの方向にどのくらい原点から離れているかがわかるわ

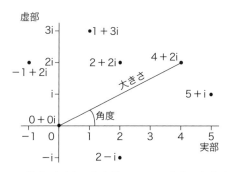

図24 複素平面上の複素数. $4+2i$ の大きさと角度も
　示した.

けですから，位置が決まります．

　複素数の和や積は複素平面上で図示できます．2つの複素数の
和，たとえば $(1+3i)+(2+i)$ は，$1+3i$ に対して実部に2，虚部に
1を足したものです．これは図25 (a)のように $1+3i$ を表す点をま
ず描き，それを0と $2+i$ を結ぶ線分と同じ向きに同じ長さだけ動
かすことを意味します．言い換えれば，和 $3+4i$ は3つの頂点がそ
れぞれ $0, 2+i, 1+3i$ の平行四辺形の第4の頂点に位置しています．
一般に，2つの複素数の和は一方の複素数を，もう一方の複素数の
表す線分の長さだけその方向に動かしたものです．

　複素数の大きさはピタゴラスの定理を使えばすぐに計算できま
す．原点から複素数 $2+i$（座標が $(2, 1)$ の点）まで行くには，まず
右に距離2だけ進み，次に上に距離1だけ進みます．原点と $2+i$
を結ぶ線は，右と上へそれぞれ進んだ分が直交する2辺となるよ
うな直角三角形の斜辺にあたります．ピタゴラスの定理によると斜
辺の長さの2乗は 2^2+1^2 と等しいので，$2+i$ の大きさは $\sqrt{2^2+1^2}$
$=\sqrt{5}$ です．同じように考えると，一般に複素数 $z=x+yi$ の大きさ

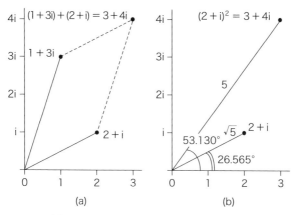

図25 (a) 2 つの複素数の和は，一方の複素数を他方の複素数の分だけ平行移動したものになる．(b)複素数の 2 乗は，大きさを 2 乗し，角度を 2 倍すれば得られる．

は $\sqrt{x^2+y^2}$ です．

　上では $(2+i)^2=3+4i$ であることをみてきました．$3+4i$ の大きさは $\sqrt{3^2+4^2}=\sqrt{25}=5$ で，これは $\sqrt{5}$ の，すなわち $2+i$ の大きさの 2 乗です．この 2 つの複素数の角度も求めることができて，$3+4i$ の角度は約 $53.130°$，これは $2+i$ の角度約 $26.565°$ のちょうど 2 倍です．この様子を図 25 (b)に示しました．$2+i$ を 2 乗すると，角度が 2 倍で大きさが 2 乗の複素数になります．これは，たまたまそうなったのではなく，複素数の重要な性質の 1 例です．

> 複素数を 2 乗すると，大きさは 2 乗，角度は 2 倍になる．

複素数 z に対して，z^2 の大きさは z の大きさの2乗，z^2 の角度は z の角度の2倍です．この性質を証明するのはやや面倒なので，詳しいことは付録で説明しました．

　この章では，2乗と足し算という2つの操作の組合わせを考えていきます．特に関数

$$z \to z^2 + c \qquad\qquad (1)$$

に注目します．この関数は複素数 z を2乗してからある定数 c を足すことによって，複素平面上の点 z を $z^2 + c$ に移します．これまでみてきたことから関数(1)は，図形的には z の大きさを2乗して角度を2倍し，さらに複素数 c の分だけずらします．

　c の値をひとつ決めると，関数(1)が数をどう移すかは簡単に計算できます．たとえば $c = 2 + i$ とすると，

$$3 + 4i \to (3 + 4i)^2 + (2 + i) = (-7 + 24i) + (2 + i) = -5 + 25i$$

であり，同じように

$$1 + 2i \to -1 + 5i, \qquad 5 - i \to 26 - 9i$$

です．関数(1)は $z \to z^2 + c$ のように書くとすっきりしたきれいな形をしています．実際に計算するときには関数の座標表示を用います．複素数を実部と虚部に分けて，$z = x + yi$，$c = a + bi$ と表すと，(1)は

$$x + yi \to (x + yi)^2 + (a + bi)$$

ですから，最初の2乗の項を計算して(付録参照)，和をとると

$$x+yi \rightarrow (x^2-y^2+a)+(2xy+b)i$$

となります. 複素数の実部と虚部を平面上の座標とみなすと, (1)の座標表示は

$$(x,y) \rightarrow (x^2-y^2+a, 2xy+b) \tag{2}$$

です.

反復とジュリア集合

この章の残りを読むときに覚えておいていただきたいことは, 関数とは平面上を旅するときの移動ルールだということです. 関数は平面上の各点を別の点に移すルールです. 第1章でみたように, ある点から出発して, 関数で繰り返し移していくと, すなわち, 関数の反復によって移った点を順に並べると平面上の軌跡ができます. 関数の軌跡, 特に何度も何度も移動したあとどこへ行きつくかは出発点によります. ここで複素数で表した関数

$$z \rightarrow z^2+c \tag{3}$$

による軌跡を見てみましょう. すぐ上で触れたようにこれは関数の座標表示(2)の反復による軌跡と同じことです.

まず, 最も簡単な場合として c が 0 のケースから始めましょう. つまり

$$z \rightarrow z^2 \tag{4}$$

です. これは複素数を2乗する関数です. 図形的には大きさを2

乗して角度を 2 倍にするものでした. 出発点をいろいろ変えてこの関数による軌跡を見ましょう. $1+2i$ を出発点とすると関数 (4) はまず $(1+2i)^2 = -3+4i$ に動かします. $-3+4i$ をもう 1 度関数で動かすと $(-3+4i)^2 = -7-24i$ となります. このように繰り返していくと $1+2i$ から出発したときの軌跡は

$$1+2i \ \rightarrow \ -3+4i \ \rightarrow \ -7-24i \ \rightarrow \ -527+336i \ \rightarrow$$

$$164833-354144i \ \rightarrow \ ...$$

のように続いていきます. この場合, 複素数は急速に大きくなり, 軌跡はすぐにページを飛び出してはるかかなたへ飛んで行ってしまいます. このことを「無限遠へ行く」といいます. 実際, 複素数を 2 乗すると大きさも 2 乗になります. $1+2i$ の大きさは $\sqrt{5}$ ですから, 軌跡の上の点の大きさ (原点からの距離) は $\sqrt{5}$, 5, 25, 625, 390625, ... となります.

それでは, 今度は原点の近く, たとえば $0.5+0.3i$ から出発してみましょう. この数の大きさは約 0.583 です. (4) の反復による軌跡は

$$0.5+0.3i \ \rightarrow \ 0.16+0.3i \ \rightarrow \ -0.0644+0.096i \ \rightarrow$$

$$-0.00507-0.01236i \ \rightarrow \ -0.00013+0.00013i \ \rightarrow \ ...$$

となります. ここでも複素数の大きさは各段階で 2 乗されて, 0.583, 0.34, 0.116, 0.0134, 0.00018, ... となります. 1 より小さい数は 2 乗するとさらに小さい数になりますから, それを繰り返すと急速に $0=0+0i$ に近づきます.

上の 2 つの例は関数 (4) による軌跡の典型的なふるまいです. 出発点に応じて軌跡は急速に原点に近づくか, 遠くに行ってしまって

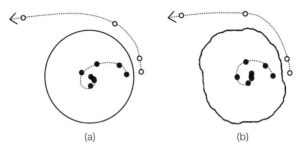

図26 (a) $z \to z^2$, (b) $z \to z^2 + 0.1 + 0.1i$, による軌跡. 図に示された曲線を境い目として, 出発点がその内側と外側とでは軌跡が全く異なってくる.

2度と帰って来ないかのどちらかです(関数の反復を子供の宝探しゲームにたとえれば, 子供はすぐに家に帰ってくるか, いくらでも遠くに行ってしまって2度と帰らないかのどちらかです).

関数(4)の反復による複素数の大きさの変化についてまとめてみましょう. 複素数を2乗すると大きさは2乗になるのでした. 1より大きい数を2乗するとそれより大きい数になりますから, 出発点の複素数の大きさが1より大きければ, 2乗を繰り返すとその数の大きさは急速に大きくなります. 一方で1より小さい数を2乗するとさらに小さい数になりますから, 大きさが1より小さい複素数から出発すれば軌跡は原点に近づきます.

このことを図形的に見てみましょう. まず原点を中心とする半径1の円を描きます. この円の内側の点から出発すると軌跡は原点に近づきますが, 外側から出発すると遠くに飛んで行ってしまいます. この様子を図26 (a)に示しました. このように原点を中心とする半径1の円には特別な意味があります. 2つの劇的に異なるふるまいの境い目になっているのです. つまり, 円の内側は軌跡が原

点に近づいていくような出発点の集合で，外側は，軌跡が無限遠に
行ってしまうような出発点の集合であって，円はこれら2つの集
合の境界です．このような境界となる円を関数(4)のジュリア集合
とよびます．この円周上の点から出発した場合は，関数を反復して
も軌跡はずっとこの円周上にとどまりますが，この状況は不安定で
す．つまり，円周上からほんの少しでもずれると，それが内側なら
原点に近づき，外側なら無限遠に飛んでいきます．これは「初期値
に対する鋭敏な依存性」とよばれる性質です．出発点をほんの少し
でも変えると軌跡のふるまいが全く変わってしまうという意味で
す．

　ここで関数(4)を少しだけ変えてみましょう．小さい複素数 c,
たとえば $c=0.1+0.1i$ を足してみます．すると(3)は

$$z \to z^2+0.1+0.1i \tag{5}$$

となります．変更はわずかですから，反復による軌跡の変化もわず
かだろうと推測されます．2つの出発点で(5)の軌跡を見てみると

$$2+i \to 3.1+4.1i \to -7.1+25.52i \to -600.76-362.28i$$
$$\to 229663.46+435291.86i \to \ldots$$

および

$$0.5+0.3i \to 0.26+0.4i \to 0.0076+0.308i \to 0.0052+0.1047i$$
$$\to 0.0891+0.1011i \to 0.0977+0.118i \to \ldots$$

となります．$2+i$ から出発すると各座標の値は急速に大きくなり，
遠くに飛んでいきますが，$0.5+0.3i$ から出発すると軌跡はいつま
でも原点の近くにとどまります．図形的には，各段階で複素数の大

きさを 2 乗，角度を 2 倍にし，複素数 $c=0.1+0.1i$ の分だけずらします．c は小さいので 2 乗の項の方が効いて，ふるまいは $c=0$ の場合とたいして変わりません．(4)で 2 通りのふるまいがあったように，ここでも出発点に応じて 2 通りのふるまいに分かれます．急速に無限遠に行ってしまうか，原点の近くにとどまるかです．(原点近くにとどまる場合は，この関数の反復によって特定の点に近づきます．小数点以下 3 桁までとると $0.094+0.123i$ と表せる点です．この点は関数(5)の**不動点**とよばれ，関数(5)によって動かない，つまり $0.094+0.123i \to 0.094+0.123i$ となる点です．$0.094+0.123i$ を出発点とすると永久にそこにとどまります．)

　関数(5)による軌跡も出発点によって異なる 2 つのタイプのふるまいに分かれますが，この場合も境界は曲線で，(4)で現れた円をちょっとゆがめたものです．境界は今度も閉じた曲線ですが，図 26 (b)に示すように円ではありません．よくみると曲線はギザギザしていて，約 1.01 次元のフラクタルです．ここでも，簡単な関数(5)を繰り返し用いることによってフラクタルができました．つまり，無限遠に行く出発点と，原点のそばにとどまる出発点の境界線としてフラクタルが現れました．

　一般に，ある関数の反復による軌跡が無限遠へ行かないような出発点の複素数の集合を，平面上の点の集合とみなして，**充填ジュリア集合**，その境界を**ジュリア集合**とよびます．ジュリア集合は 2 つの全く異なるふるまいの境い目になっています．ある点がジュリア集合に属していれば，その点のいくらでも近くに，反復によって無限遠に去る点があり，やはりいくらでも近くに無限遠には行かない点があります．関数(4)の充填ジュリア集合は原点を中心とする半径 1 の円の内部と周です．境界の円周がジュリア集合です．こ

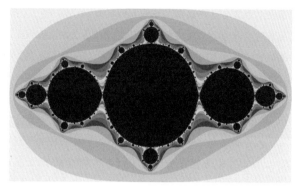

図27　$z \to z^2 - 0.9$ の充填ジュリア集合．集合の外側の点は
脱出時間によって塗り分けされている．

の図を少しゆがめた図形が関数(5)に対するジュリア集合で，フラ
クタル状の自分と交わらない閉曲線となり，充填ジュリア集合はそ
の内部と周です．

　関数の反復によって無限遠に行く場合，ジュリア集合によほど近
くない限り，遠ざかり方は急激です．この性質は計算によってジュ
リア集合を描くためのヒントになっています．ある点が関数の充
填ジュリア集合に属するかを知るには関数の反復による動きを調
べます．何度か反復して大きさが5より大きくなれば，原点中心
で半径5の円を出ることになるので，出発点は充填ジュリア集合
に属しません．一方，100回の反復のあとで大きさが5より小さい
ままであれば，その出発点は充填ジュリア集合に属すと判断して
黒で塗ることにしましょう．平面上の多くの出発点に対して，たと
えばコンピュータのスクリーンの各ピクセルに対して，この操作を
繰り返します．こうして描かれた平面上の黒い領域が充填ジュリア
集合で，その境界がジュリア集合です．充填ジュリア集合の外側の

点も,「脱出時間」, つまり原点からの距離が5を超えるまでの繰り返しの回数によって塗り分けることにします. 図27の充填ジュリア集合はこのようにして描きました(ここで用いた5や100は典型的な値で, 関数によって, またどのくらいの精度の図を描きたいかによってその値は変わります. 関数(3)を何度か反復して, 大きさが c と2のどちらよりも大きくなれば, 軌跡は無限遠へ行くことが証明されています. このことを使うと計算はずっと簡単になります. さらに, ジュリア集合の近くのピクセル以外は関数の反復を行うときに大きなブロックで考えるというテクニックもあります).

ジュリア集合の動物園

さて, ほかの複素数 $c=a+bi$ に対して関数

$$z \to z^2+c$$

の反復を調べてみましょう(この関数を座標で表すと先に見たように $(x,y) \to (x^2-y^2+a, 2xy+b)$ です). 図形的には, この関数は z の大きさを2乗して角度を2倍してから c だけずらします. ジュリア集合は, $c=0$ のときは円であり, $c=0.1+0.1i$ のときは自分自身と交わらないフラクタル閉曲線でした. それでは, ジュリア集合は必ず自分自身と交わらない閉曲線(このような曲線をループとよびます)になるのでしょうか. 複素数 $c=a+bi$ の大きさが十分小さければ, 特に0.25より小さい場合は, c によるずらしは大きな影響を与えません. ジュリア集合はやはりループです. c の大きさが増すとループはもっと複雑になって次元も増えます(図28(a),(b)参照). もし c の大きさがさらに大きく, ずらす効果がもっと効く

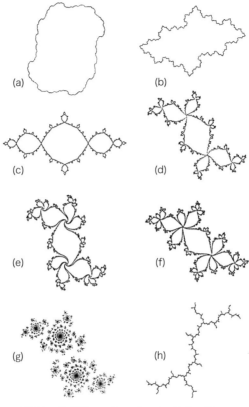

図 28　複素数 c によるジュリア集合の違い.
(a) $0.2-0.2i$,　(b) $-0.6-0.3i$,　(c) -1,
(d) $-0.1+0.75i$,　(e) $0.25+0.52i$,　(f)
$-0.5+0.55i$,　(g) $0.66i$,　(h) $-i$.

ようになれば，奇妙なことが起こります．たとえば $c=-1$ の場合，
関数 $z \rightarrow z^2-1$ のジュリア集合は図 28 (c)のように中央の大きなフ
ラクタルのループとその周りに接する小さいループ，その小さい

ループに接するもっと小さいループ，などからできています．さらにこの形は c の値の変化に関して安定しています．つまり c が -1 に十分近ければジュリア集合はこれと似た，多くのループが接し合う形をしています．

　他の複素数 c に対して関数 $z \to z^2 + c$ のジュリア集合を調べるとさらに驚くべきことがわかります．c が $-0.1 + 0.75i$ に近いとき，ジュリア集合はやはり大小のループでできていますが，図 28 (d) のように今度は 3 つのループが 1 点で接しています．この図形はフランスの数学者アドリアン・ドゥアディにちなんでドゥアディのウサギと名づけられました．図 28 (e), (f) に示すように，c が $0.25 + 0.52i$ に近いときは，1 点で 4 つのループが接し，$-0.5 + 0.55i$ あたりでは 5 つのループが接します．一方，c として $-i$ を選ぶと図 28 (h) のように，ループはつぶれてデンドライト，すなわち枝のような形のジュリア集合になります．

　さらに c が大きくなると，ジュリア集合に劇的な変化が起こります．もはやひとつのつながった図形ではなくなり，ばらばらになります．ジュリア集合は塵のようなフラクタルになり，全不連結です．つまりジュリア集合上のどの異なる 2 点の間も，集合の外に出ないで行き来することができません．例として，$c = 0.66i$ の場合を図 28 (g) に示しました．この状況ではジュリア集合自身が充塡ジュリア集合になり，ジュリア集合に属さない点はどれも関数の反復によって無限遠に行ってしまいます．

　複素数 c をいろいろ変えたとき，関数 $z \to z^2 + c$ の反復によって現れる多種多様なジュリア集合の「動物園」はどう説明したらいいのでしょう．どのような c に対してジュリア集合は 1 つのループになったり，2 つ，3 つ，あるいは 4 つのループが接した形になった

りするのでしょうか. こうした問いに答える鍵がジュリア集合より
さらに複雑な形をしたマンデルブロ集合とよばれる図形なのです.

マンデルブロ集合

ジュリア集合を描くときには，c の値を毎回固定して，出発点を
いろいろ変えて $z \to z^2+c$ の反復によって，無限遠へ去ってしまわ
ない出発点を黒で塗りました.

こんどは出発点をつねに同じ点として，c を変えていくとき $z \to$
z^2+c による反復で何が起きるかを調べましょう.

それぞれの複素数 $c=a+bi$ に対して，原点 $0=0+0i$ を出発点と
して関数

$$z \to z^2+c$$

の反復による軌跡を調べます. もし軌跡が無限遠へ去ってしまわな
ければ複素平面上の $c=a+bi$ に対応する点，つまり座標 (a, b) で表
される点を黒で塗ります. こうしてできた図形が図 29 のマンデル
ブロ集合です. 大雑把な図を描くには c を平面上でいろいろ動かし
て，0 を出発点とする関数 $z \to z^2+c$ の反復による軌跡を追ってい
きます. もし 100 回反復しても原点の近くにいれば c はマンデル
ブロ集合に属すとみなしていいでしょう.

元は $z \to z^2+c$ のようなシンプルな形の関数を使って定義されて
いますが，できあがったマンデルブロ集合は複雑怪奇で，どのジュ
リア集合よりもこみ入った複雑な形をしています. まず大きなハー
ト型があって，その周囲には丸い芽がたくさんついています. ハー
ト型の左にあるいちばん大きい芽はきれいな円で，2 番目に大きい

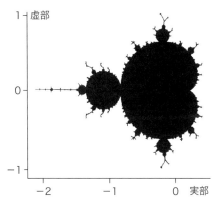

図 29 マンデルブロ集合に含まれる複素数 $a+bi$ を複素平
面上で黒く塗って示した.

芽はハート型の上と下につく1組です. そしてハート型の周囲に
はもっと小さい芽がたくさんついています. そうした芽の周囲にも
さらに小さい芽がたくさんついていて, … と続いていきます. こ
の図にあるのは芽だけではありません. 細かい「毛」が芽のさまざ
まな場所から生えていて, そうした毛にはマンデルブロ集合の小さ
なコピーがくっついています. マンデルブロ集合の端のほうをよく
見ると豊かな微細構造があるのがわかります. 拡大率を上げると,
図 30 のようにタツノオトシゴのような形, 何本も腕のあるらせん
形, 風車などが見えます. マンデルブロ集合の境界を拡大していく
と異なる形が限りなく現れてきます.

このこととジュリア集合はどう関係するのでしょうか. それには
以下の「マンデルブロ集合の基本定理」とよばれるシンプルな定理
が答えてくれます. この定理は, 表現は多少異なりますが, ガスト
ン・ジュリアとピエール・ファトゥによって 1919 年頃に独立に証
明されました.

図 30　マンデルブロ集合を拡大していく.

> 点 c がマンデルブロ集合に属すことは，関数 $z \to z^2 + c$ のジュリア集合が連結であることと同じである．

　「連結」とはその集合がつながった1つの部分からできていて，集合に属するどの2点の間も集合の外に出ないで行き来できるということです．c がマンデルブロ集合の外にあれば対応するジュリア集合は全不連結，つまり塵のような集合です．マンデルブロ集合はジュリア集合が連結かどうかを教えてくれます．ジュリア集合は，連結であるか全不連結であるかのどちらかで，いくつかの連結な成分の集まりになることは決してありません．図28の例は1つを除いてマンデルブロ集合の内部にある c に対応するもので，残りの1つ，例(g)は全不連結な塵のような集合です．

　この基本定理は驚くべきことを主張しています．マンデルブロ集合は，純粋に関数の反復を用いて定義されましたが，この定理はマンデルブロ集合は幾何学的な情報を多く含むことを示しています．まず，膨大な種類のジュリア集合のうちどれが連結かを示しています．それだけではなく，マンデルブロ集合からはジュリア集合の形についてさらに詳しいことがわかります．マンデルブロ集合によって，ジュリア集合を形の特徴で分類することができることをこれから説明しましょう．図31はいくつかの複素数 c に対応するジュリア集合を，マンデルブロ集合の中の c の位置とともに示しています．ジュリア集合の形は，c がマンデルブロ集合のどの部分に属しているかと関係があります．c が大きいハート型の中にあるときは，ジュリア集合はいつもループ，つまり自分自身と交差しない閉曲線です．c がハート型の中を左に進んでいって，大きな丸い芽の

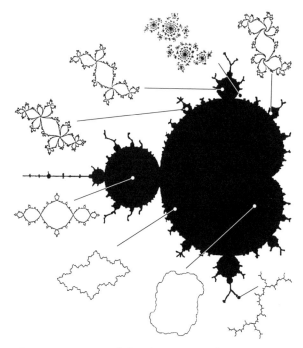

図31 マンデルブロ集合に含まれるさまざまな点に対応す
るジュリア集合.

中に入ると「分岐」が起こって，ジュリア集合の形はがらりと変化
し，2つずつ接する無限個のループをもつようになります．この芽
の中の c に対してはジュリア集合は「位相的に」似た形，つまり多
少形は異なっても，どれもループが2つずつ接した形をしていま
す．同じように，c がハート型の上と下につく大きい芽のどちらか
の中にあるなら，3つずつのループが1点で接するウサギのジュリ
ア集合になります．ハート型の周囲につくほかの小さい芽は4つ，
5つ，6つ，…のループが1点で接するようなジュリア集合に対応

図 32　マンデルブロ集合の境界にとても近いところにある
点 $c=-0.6772+0.3245i$ に対応するエキゾチックなジュ
リア集合.

しています.

　c がマンデルブロ集合の境界上または境界に近いときは，ジュリ
ア集合を描くための計算は非常に慎重に行わなければなりません.
このときのジュリア集合には図 32 のようなエキゾチックなものも
あります. c がマンデルブロ集合の境界上にあるときのジュリア集
合は，連結から全不連結への変わり目で，きわめて複雑な形になり
ます. 0 を出発した関数 $z \to z^2+c$ の反復による軌跡が「あるとこ
ろから先は周期的になる」ような c がありますが，このような c は
ポーランドの数学者ミハル・ミシュレヴィチにちなんでミシュレヴ
ィチ点とよばれ，どれもマンデルブロ集合の境界上にあります. た
とえば，$c=-i$ の場合の軌跡は

$$0 \to -i \to -1-i \to i \to -1-i \to i \to -1-i \to i \to \dots$$

となり，2 歩目以降は 2 点 $-1-i$ と i の間を行き来するだけになり

ます．対応するジュリア集合は図 28 (h) のデンドライトです．あるところから先で長い周期の周期運動になるようなミシュレヴィチ点 c に対応するジュリア集合はとてつもなく複雑です．さらにこうした点のまわりでマンデルブロ集合を高倍率で見ると，マンデルブロ集合の境界はジュリア集合自体とそっくりに見えます．マンデルブロ集合の境界は，エキゾチックなジュリア集合のミニチュアを無尽蔵に展示するギャラリーになっているのです．ミシュレヴィチ点はマンデルブロ集合の境界にびっしりと存在しますから，その複雑さにはただ圧倒されます．

　マンデルブロ集合は微細な構造をもっていて，自分自身の縮小コピーとよく似たものが無数についた毛もありますから，マンデルブロ集合をフラクタルと考えたくなります．しかし厳密にはフラクタルではありません．というのもマンデルブロ集合の面積は正で，しかもハート型や芽の内部にある点のまわりを拡大してもただ黒い部分が広がるだけで，この部分は微細な構造をもっていません．それでも，マンデルブロ集合の境界はフラクタルとみなされています．確かに微細な構造があり，近似的に自己相似です．日本の研究者宍倉光広が，境界は面積が 0 なのにもかかわらず 2 次元であることを証明したのは 1998 年のことです．次元が 2 であるということは境界の集合がきわめて複雑であることを意味しています．マンデルブロ集合に関してはまだ多くの謎があります．マンデルブロ集合は連結ですが，局所連結であるかどうかは知られていません．この問題を大雑把に説明すると，互いに近い 2 点はいつでも集合内の短い道でつなげるか，それとも異常に長い道をたどらないと行きつけないような 2 点が存在するかということです．

　マンデルブロ集合は (3) の形の関数のグループを用いて定義され

ますが，複素数のパラメータ c を含むほかの関数のグループのジュリア集合を考えることもできます．ジュリア集合の性質が突然変化する境い目となるような，たとえば連結から全不連結になる境い目となる複素数 c の集合は，その関数のグループの**分岐集合**とよばれます．多くの関数のグループに対して，マンデルブロ集合の境界のコピーが分岐集合のいたるところに現れます．このように，マンデルブロ集合は**普遍的**で，ここで考えた関数(3)のグループだけでなく，ほかの関数の反復でも自然に現れます．

ジュリア集合に戻ると

ここまでで，関数 $z \to z^2 + c$ のジュリア集合の基本的な形は，マンデルブロ集合に対する c の位置で決まることを見てきました．c がマンデルブロ集合の大きいハート型や芽のどれかの中を動いている間はジュリア集合はある程度変形しますが，大まかな形は変わりません．でもそれだけではないのです．$z \to z^2 + c$ による軌跡も c がマンデルブロ集合のこれらの領域のどれかの中にいる間は本質的に変わりません．これまで見てきたように，c が大きいハート型の中にあればジュリア集合はループ，つまりゆがんだ円ですが，ループの中から出発した軌跡は反復により出発点によらない不動点に急速に近づいていきます．ループの外から出発すると無限遠に吹っ飛んでいきます．このことはハート型の中にあるすべての c に対してあてはまり，ジュリア集合の形にはよりません．c がハート型の左についている大きい丸い芽の中にあるときはどうでしょう．ジュリア集合は大きいループとそれに沿った小さいループの連鎖です(図28 (c)参照)．ジュリア集合の定義から，外側から出発した軌跡は

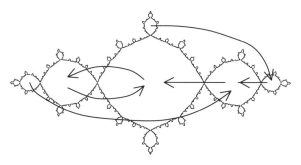

図33 $z \to z^2 - 1$ のジュリア集合では，点の軌跡はループ
からループへの移動を繰り返す.

無限遠に去っていきます．一方で，出発点がループのどれかの中に
あるときは反復するごとに点はループからループへと移ります．こ
の様子を図33に矢印で示しました．いったん軌跡がジュリア集合
の中央の一番大きいループに入るとそのあとは一番大きいループと
そのすぐ左のループの間の行き来になります．c がマンデルブロ集
合のほかの芽のなかにある場合も，軌跡はジュリア集合のループの
間を規則的に行き来します.

　ジュリア集合はフラクタルですから，その次元がいくつになるか
は興味のあるところです．$c=0$ のときはジュリア集合は円なので
次元は1です．大きいハート型の別の場所では，ループはギザギ
ザになり c がマンデルブロ集合の境界に近づくにつれ次元は大きく
なります．マンデルブロ集合の境界上にはジュリア集合の次元がい
くらでも2に近くなる点があり，対応する軌跡はきわめて複雑な
ふるまいをみせます．しかしいったん c がマンデルブロ集合の外に
出ると，ジュリア集合は塵のような図形となり，スカスカで c が原
点から遠く離れると次元は小さくなります.

歴史的なこと

ジュリア集合とマンデルブロ集合は，その形がフラクタルであることが知られる前から研究されてきました．1915年にパリの科学アカデミーが発表した，1918年の特別賞の対象テーマは関数の反復の大域的なふるまいでした．それは第1次世界大戦の最中でした．フランス軍に従軍中だった数学者ガストン・ジュリア（Gaston Julia）(1893-1978)は顔に大けがをしました．それにもかかわらず，ジュリアは病床で数学の研究を続け，1918年12月に特別賞を受賞しました．同じ頃，別のフランスの数学者ピエール・ファトゥ（Pierre Fatou）(1878-1929)も競争には加わらなかったものの同じ方向の研究をしていました．こうして1919年にジュリアとファトゥは $z \to z^2 + c$ を含む平面上の関数の反復に関する重要な論文を独立に発表しました．この2つの論文には今日ジュリア集合，マンデルブロ集合とよばれる集合の定義と上に述べた基本定理が書かれていました（ちなみに，ジュリア集合に属さない平面上の点の集合をファトゥ集合とよびます）．しかし，ジュリアもファトゥも自分たちが研究した集合がどのような形をしているかはほとんど見当がつかず，微細な構造をもつことも知りませんでした．こうした集合が特別に変わった形をもつと考えるべき理由がなかったのです．いずれにしても当時の計算機には，フラクタル性を見つけるために必要なだけ十分多くの出発点からの反復を計算する能力はありませんでした．

強力な計算機が使えるようになって初めてこれらの集合の形がおぼろげながら見えてきました．マンデルブロ集合の最初の図はロバート・ブルックスとピーター・マテルスキの1978年に出版され

た論文に掲載されています．その図はかなり粗いもので，上から下まで 31 行の間に x の文字を打ち出すことによって描かれていました．それでも大きいハート型と 3 つの大きい芽と左側の突起ははっきり見えます．1980 年になってブノア・マンデルブロがその際立った複雑さにようやく気づきました．マンデルブロはニューヨーク州の IBM トマス・J・ワトソン研究所に勤務していて，（当時としては）巨大なコンピュータを駆使することができました．マンデルブロはさらに多くの芽が見えるマンデルブロ集合の図を制作し，境界のさまざまな領域の拡大図を描いて，毛や，ミニマンデルブロ集合，らせんなどの複雑な構造もとらえました．さらにジュリア集合の高精度の図や 1982 年の著書『フラクタル幾何学』に載っている多くの図を描きました．

　こうした図形の複雑な形に気づいた数学者たちはその構造を解明しようとする新たな活力を得て，60 年間ほとんど進展のなかった複素関数の反復の研究は第一線の数学者たちの関心を集めることになりました．アドリアン・ドゥアディとジョン・ハバードがこの分野の再興のリーダーであり，マンデルブロ集合の多くの性質を明らかにし，マンデルブロ集合という名前を提唱しました．ジャン‐クリストフ・ヨソズ（Jean-Christophe Yoccoz）（1994）とカート・マクマラン（Curt McMullen）（1998）は共にこの分野の研究によって，数学者に与えられる最高の賞であるフィールズ賞を受賞しました．

5　ランダムウォークとブラウン運動

　ランダムウォークは酔っぱらいの千鳥足になぞらえて酔歩とも
よばれます．ランダムウォークはシンプルな数学モデルですが，こ
れから多くの数学の定理が導かれ，応用も広い範囲にわたります．
特に，フラクタルの形をしたグラフや，まだお見せしていないよう
なフラクタルとも関係しています．さて，ひとりの人が前と後ろに
進めるまっすぐな道の上にいて，ある点を時刻 0 に出発するとし
ます．その出発点を原点としましょう．1 秒ごとに前か後ろにラン
ダムに 1 歩進みます．前後に進む確率はそれぞれ 50% としましょ
う．コインを投げて決めてもいいですし，酔っぱらいの気まぐれで
選んでもいいでしょう．図 34 のグラフはこの人が出発点を基準と
して 1 歩ごとにどう進むかの一例を表しています．1 秒ごとに前か
後ろに等しい確率で進みますから，全体としてはどちらの方向にも
そう速くは進めません．それでもいくらか時間がたてば原点からあ
る程度は離れているはずです．

　図 35 は，独立に何人かが歩くとして，その人たちの最初の 100
歩の様子をグラフに示したものです．時間がたつにつれ足跡は原点
の両側に広がっていきます．次に，130 人が独立に歩くとします．
その人たちのちょうど 20 歩目の位置を図 36 に示しました．この
分布は「釣り鐘型」もしくは「正規分布」とよばれ，統計データに
よく現れる形です．コインの表と裏は同じようにでやすいので，歩

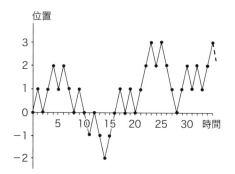

図 34　典型的なランダムウォークの進み方.

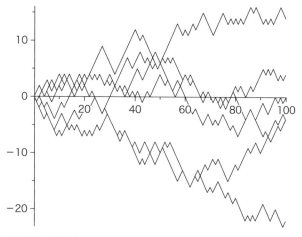

図 35　独立なランダムウォーク. 時間がたつにつれ足跡は
　　　広がっていく.

く人たちのほとんどは前と後ろに同じくらいの歩数だけ進むと思わ
れるでしょう. そうすると, 出発点から5歩以上遠ざかったとこ
ろにいるなんて起こりそうもない気がします. ところが表が出続け
たり, 裏が出続けたりして, 出発点からかなり離れたところへ行き

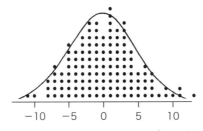

図 36　130 人のランダムウォークの 20 歩目の位置の分布.

つく人も 1 人や 2 人出てきます. 前への 1 歩と後ろへの 1 歩は同じくらい起こりやすいので, 全員の位置の平均をとれば 0 ですが, ほとんどの人は原点からいくらか, 今の場合だいたい 4, 5 歩離れたところにいます. このことをもう少し正確に表すために標準偏差という概念を導入しましょう. 大ざっぱに言うと標準偏差とは釣り鐘型の「幅」で, 歩く人の原点からの典型的な距離を表します. この場合の標準偏差は $\sqrt{20} \fallingdotseq 4.47$ です. ランダムウォークをさらに長い時間続けると, T 歩進んだ後の位置の平均は 0 のままですが, 原点からの「典型的な」距離は大きくなり, ほぼ $\sqrt{T}$ くらいになります.

　ランダムウォークをする人の位置を表す図 34 のグラフは, これ自体ギザギザで不規則な形をしています. ここで, 歩く人の歩幅を短くして 1 歩ごとの時間間隔も短くしてみましょう. たとえば, $\frac{1}{4}$ 秒ごとに歩幅 $\frac{1}{2}$ で 1 歩進むとか, $\frac{1}{16}$ 秒ごとに歩幅 $\frac{1}{4}$ で 1 歩進むとします. そのときのグラフの形は全体としては同じような形をしていますが, よく見ると細かい不規則性がつけ加わります(ちょうどコッホ曲線を作るときに各段階で細かい構造がつけ加わったように). 時間間隔も歩幅もきわめて小さくすると, ランダムウォークのグラフはブラウン運動(ウィーナー過程)とよばれるフラク

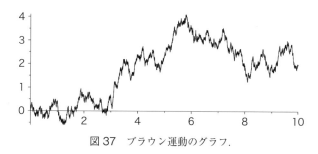

図37 ブラウン運動のグラフ.

タルの形になります. 1歩進む時間間隔および歩幅を小さくしてい
くとき意味のある結果が得られるのは, 時間間隔 t に対して歩幅を
$\sqrt{t}$ にしたときだけです(これより歩幅が短かったり長かったりす
ると, 原点からの典型的な距離, つまり標準偏差は, どの時刻でも
無視できるくらい小さくなるか, 途方もなく大きくなってしまいま
す). 図37のブラウン運動のグラフはフラクタルであり, 図形は
ランダムですが, ボックス次元は $1\frac{1}{2}$ という決まった値をとりま
す. このグラフは, 一部を拡大しても元のグラフと全体としては同
じように見えるという意味で統計的に自己相似です.

現実で, ランダムな出来事が非常に頻繁に起こることに起因する
現象の多くはランダムウォークやブラウン運動とよく似ています.
その中でも特筆すべき例は株価や為替レートのような金融データで
す. 1900年という早い時期にルイ・バシュリエ(Louis Bachelier)
(1870-1946)は博士論文 *Théorie de la spéculation*(投資理論)で株
価がブラウン運動と似た動きをする可能性を示唆していました. 株
価は, 多くの個人投資家が将来の資産価値をその時点で手に入る
情報をもとにする予測から決まります. そうした情報はランダムに
入ってきて, 政府, 会社, 銀行等の動きについてのニュースやうわ
さなど数多くの要因を含んでいます. 仮に取引が瞬時に行われると

すれば，株価は，ランダムにみえる小さい上下の変動が短時間に非常に多く起こることから決まり，その結果，株価のグラフは多くの意味でブラウン運動のグラフと似たものになります．実際，株価の1週間の変化と，1年間の変化と，20年間の変化は全体としての形は似ていて，明らかに統計的に自己相似です．さらに，株価のグラフのボックス次元はブラウン運動のグラフの次元 $1\frac{1}{2}$ にきわめて近いのです．これには数学的な理由と経済学的な理由があります．株式市場は裁定が起こらないようにふるまいます．つまり投資家がリスクなしに利益を得る可能性がないということです．グラフが $1\frac{1}{2}$ 以外の次元をもつような株価のフラクタルモデルでは裁定が起こる可能性もあります．

　ブラウン運動はファイナンスにおけるオプションの価格付けの基礎です．コール・オプションとは，買い手がある決まった量の株や配当を，決まった価格(行使価格)で特定の期日に(あるいは特定の期日までに)売り手から買う権利のことです．これは権利であって，買わなければならない義務ではありません．買い手は期日には行使価格より株価が上がることを期待して，対価を払ってオプションを買います．株価が行使価格より上がれば，実際の価格より安く買って利益を得ることができます．行使価格より下がれば，権利を行使しなくてよいのですから，損失はオプションの価格だけにとどまります．一方で売り手は株価がそれほど上がらないと期待して，あるいは万が一株価が急騰した場合の損失は覚悟の上で今すぐ現金を手に入れることを優先して，オプションを売ります．そうすると，買い手にも売り手にも利益を得る可能性があるような公正なオプション価格はいくらか，という問題が自然に生じます．それが決まらなければ取引はできません．

　オプション価格を決めるとき広く使われている基礎となるモデルはブラック＝ショールズモデルです（ここで「モデル」とは「数学を使って表すこと」を意味します）．このモデルは1973年にフィッシャー・ブラック（Fischer Black）(1938-95)とマイロン・ショールズ（Myron Scholes）(1941-)によって提唱され，ショールズと，この理論を発展させたロバート・マートンに1997年のノーベル経済学賞が授与されました．ブラック＝ショールズの微分方程式は，いくつかの仮定をおいたときオプション価格が時間と株価とともにどう変わるかを表しています．基本的な仮定のひとつは，株価の対数がある方向へのドリフト付き（一定の割合で増加または減少する）のブラウン運動にしたがってランダムに変化するということです．さらにこのモデルには裁定の機会がない，つまりリスクを全く伴わない利益はないと仮定し，現金の貸し借りは無リスク利率[*1]で行われると仮定します．この方程式を解くと，期日，オプション取引時の株価，行使価格，および無リスク利率によって決まる「自然な」オプション価格を表す公式が得られます．自然な価格は，投資の配当率が無リスク利率と等しいという要請から決まります．そうでないとその差を利用して裁定の機会ができてしまいます．ブラック＝ショールズの方程式を導く中心となるアイデアは，理論の根底にあるブラウン運動に関連する項どうしが消しあって，最終的な方程式と公式からランダムな要素が消えてなくなることです．

　そうした長所にもかかわらず，ブラウン運動を用いたモデルは株価のきわめて重要な側面を反映しそこなっています．特に，1929

---

*1　［訳注］変動しない一定の利率．

年，1973 年，1987 年，2001 年，そして 2007 年の株式市場を崩壊
へと導いた株価の急激な変化は全く考慮されていませんでした．ブ
ラウン運動をモデルに使うということは，一定期間，たとえば 1
週間の価格変化は，正規分布つまり釣り鐘型の分布にしたがい，典
型的な 1 週間の変動がその標準偏差で表されることを意味します．
しかしこうした市場の崩壊は，標準偏差の 4 倍の価格の下落が起
こったことに起因しています．このような下落は正規分布を仮定す
ると 300 年に一度しか起こらないことです．実際の週ごとの価格
変動を調べると正規分布からはほど遠く，ブラウン運動やランダム
ウォークのモデルでは，上で述べたような大きな下落を説明するの
に必要となる歩幅の変動は起こりません．このようなわけで，実際
の価格のデータに合うようなさまざまな数学モデルが提唱されまし
た．たとえば，ランダムウォークがさまざまな歩幅で動いたり，さ
らには瞬間的な「ジャンプ」がときどき起こったりすることを許す
モデルです．別のモデルでは，市場のボラティリティ*2が時間に
よって激しく変わるとして時間スケールの「ワープ」を導入し，ブ
ラウン運動やその変形版のグラフを不規則に伸ばしたり縮めたり
します．マンデルブロは金融モデルに必要な性質をうまくまとめま
した．それはヨセフ効果(7 年の豊作のあとに 7 年の不作が来ると
いう聖書の話に由来する)とノア効果(洪水という突然の劇的な出来
事)です．ヨセフ効果はある傾向が続くことを表し，ノア効果は変
化が起こるときは突然で劇的であることを表しています．役に立つ
金融モデルを作るには両方を考慮に入れる必要があります．
　株式市場の動向を表すすぐれた数学モデルを見つけるために多く

---

*2　[訳注] 株などの金融商品の価格の変動の大きさ．

の努力が注がれています．将来の傾向を表すモデルが見つかれば，その発見者には莫大な利益が入ってきます．フラクタルモデルも自然な候補です．短期的には不規則な動きを見せますが，その背景に長期的な規則性が見つかる可能性もあるからです．

平面内と空間内のランダムウォークとブラウン運動

平面内のランダムウォークは原点から出発して東西南北に等確率で，つまり各向きに25％ずつの確率で，一定の歩幅で進みます．その軌跡は図38に表されるように元に戻ったり，ループになっていたり，自己交差をもっていたりします（イメージとしては，ニューヨークの格子状に敷かれた規則的な道路の1つのブロックを「1歩」とみなして各交差点で等確率でどれかの向きを選ぶと考えてください）．平面内のランダムウォークには驚くべき性質がたくさんあります．たとえば，軌跡をずっと追っていくと，確率1で（つまりいつかは必ず）格子上のすべての点を通ります．とは言え，格子上のある点に到達するまでの平均時間，それだけでなく出発点に戻る平均時間は無限大です．

ここでも，1歩の幅を小さくして，同時に1歩ごとの時間間隔を小さくしていきましょう．非常に小さい時間間隔 t ごとに歩幅 $\sqrt{t}$ で4つの向きのどれかに等確率で進むと，平面内の軌跡はつながってはいますがきわめて不規則で，ループや交差だらけです．その様子を図39に示しました．この極限の軌跡は**平面ブラウン運動**とよばれ，ボックス次元2の統計的に自己相似なフラクタルです．次元が2でも占める面積は0で，2次元の図形としての「大きさ」は無視できます．3次元空間でも同じことを考えることができま

● 出発点

図 38　平面内のランダムウォーク.

図 39　平面ブラウン運動の軌跡.

す．今度は東西南北上下に等確率で1歩進む3次元の(空間内の)ランダムウォークです．1歩の時間間隔と歩幅を小さくしていくと3次元のブラウン運動になります．このきわめて不規則で，もつれた軌跡の次元はやはり2です．実際どの方向から軌跡の写真をとっても写っているのは平面ブラウン運動です．

　ブラウン運動はスコットランドの植物学者ロバート・ブラウン(Robert Brown)(1773-1858)にちなんで名づけられたもので，ブラウンは1827年に水中で花粉が放出した微粒子がきわめて不規則な軌跡に沿って動くことを発見しました．その後，この動きは水分子が絶え間なくランダムに微粒子にぶつかることによって起こるということがわかりました．一番小さいスケール以外では，この「現実の」ブラウン運動の軌跡は，ランダムウォークから作られたブラウン運動の軌跡にとてもよく似ています．微粒子がランダムな方向に動いている分子の衝突を受けるということはランダムウォーク自身が進む方向をランダムに選ぶことと対応しています．1905年にアルバート・アインシュタイン(Albert Einstein)(1879-1955)がブラウン運動は熱の拡散の様子を表す方程式と似た形の方程式で表せることを示しました．この方程式の1つの項には実際に観測できる量が入っていて，それを使って原子の大きさとさまざまな気体分子の重さを決めることができました．1913年にジャン・ペラン(Jean Perrin)(1870-1942)がアインシュタインの予言が正しいことを実験で確かめ，その業績でノーベル賞を受けました．それでもノバート・ウィーナー(Norbert Wiener)(1894-1964)がブラウン運動の完全に厳密な数学的基礎を築いたのは1923年になってからでした．

　ブラウン運動は，簡単な数学モデルによってうまく説明される自

然界のフラクタル現象のよい例です．それでも，きわめて小さいスケールではこのモデルは使えなくなります．というのも，数学的なブラウン運動の軌跡は常に方向を変え続けますが，実際に正の質量をもった粒子がそのような軌跡に沿って運動しようとすると，無限のエネルギーをもたなければならないからです．

フラクタルの指

ランダムウォークやブラウン運動によってフラクタルの指（正式な用語では拡散律速凝集）とよばれるフラクタル状の塊がどのように成長するかが説明できます．このモデルは物理学者 T. A. ウィッテンと L. M. サンダーが提唱しました．フラクタルの指は，ランダムな拡散が関係する物理現象に幅広く現れます．稲妻の枝分かれやバクテリアの増殖もその例です．

さて，平面内に大きな円形の領域を考え，その中心に「タネ」をおきます．小さい粒子が円周上のランダムに選んだ場所から放たれ，円内でランダムウォークかブラウン運動をしてタネに接触するとそこに付着して止まります．また別の粒子が放出されランダムに動いてタネのところにできた塊にぶつかると，そこに付着して止まります．こうして次々と粒子が放たれ，タネから成長した塊に触れると付着します．何千もの小さい粒子を放ってこれを繰り返していくと塊は最初のタネから外側に広がっていきます．図40はこのプロセスをコンピュータ・シミュレーションで行う方法を表したもので，非常に細かい正方形の格子を考え，各粒子も格子の正方形の1つとします．そして粒子はこの格子上をランダムウォークします．東西南北に等確率で動いて，すでに先客に占められている格子の正

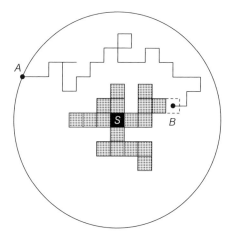

図40　フラクタルの指のコンピュータ・シミュレーショ
ン．円周上からランダムに選ばれた点 A から粒子が放出
され，ランダムウォークをする．影をつけた領域に隣接す
る格子 B に到達すると粒子は止まる．すると格子 B にも
影がつけられる．この粒子放出のプロセスを繰り返してい
くと，はじめに影のついていた格子 S を「タネ」として，
影のついた格子の領域は成長していく．

方形の隣に付着します．成長はランダムですが，枝分かれを繰り返
して指のようなものが外側に伸びているという特徴的な形をして
います．その様子を図41に示しました．こうした「フラクタルの
指」とも「樹枝状結晶(デンドライト)」ともよばれるものは先端か
ら成長していきます．新しい粒子がランダムに動いて近づくとき，
塊の外側の端のほうが中心近くのずっと内側の場所より最初に接触
しやすいからです．そうした成長物が微細な構造とフラクタル的性
質をもつことは一目瞭然で，ボックス次元は常に約 1.70 で，空間
内の場合は約 2.43 です．

　電気分解による結晶成長も実験で作れるフラクタルの指のよい例

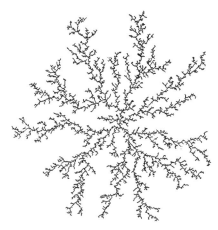

図41 フラクタルの指をコンピュータでシミュレーション
して作成した図.

です. 丸いシャーレに硫酸銅($CuSO_4$)の溶液を浅く入れます. シ
ャーレの中央に銅線を上からつるし, シャーレの内側に沿って銅
板を貼り付けます. 2ボルトくらいの電池を用意して, 中央の銅線
を陰極に, 銅板を陽極につなぐと銅の析出物が中央から外側に成
長していきます. 1時間程度で図41よりわずかに太いけれどもそ
っくりなフラクタルの指ができます. ここで起こっている化学的
なプロセスは上の例とよく似ています. 溶液中では硫酸銅は銅イ
オン(Cu^{2+})と硫酸イオン(SO_4^{2-})に分かれて溶液中をランダムに
ブラウン運動のような軌跡で動き回っています. 電圧をかけると陰
極にぶつかった銅イオンは電子を2つ受け取って銅として析出し
ます. 銅の析出物は, ランダムに動く銅イオンがぶつかるたびにく
っついて, 外側に広がっていきます. 硫酸亜鉛($ZnSO_4$)の場合も,
中央に炭素の電極, シャーレの周りに亜鉛の電極をつけて電気分解

を行うと同じように真ん中から亜鉛の指が伸びていきます.

　バクテリアが栄養を取り込んで増殖する場合も同じような形ができます. バクテリアを成長させる養分が薄い平板上の培地の中を拡散してバクテリアのコロニーの先端に付着し, バクテリアが指のように分岐して成長するのを促します. 適切な条件下であればフラクタルの指になります. 地質学でも, マンガンを多く含む水が石灰石などの岩にしみこむとき, 二酸化マンガンの指状の結晶(忍石)が岩の表面に析出します. 析出物はすでにできている突起につきやすいのです.

　稲妻は, 枝分かれしているとも指のようだとも言えますが, 電場が非常に強くて, 普通絶縁体である空気を突き抜けることで起こる大規模な放電です. フラクタルの指の形の枝分かれした放電の形は, 他の絶縁体の表面や内部でも起こり, ドイツの物理学者ゲオルグ・リヒテンベルク(Georg Lichtenberg)(1742-99)にちなんでリヒテンベルク図形とよばれます. リヒテンベルクは1777年にこの現象を見つけました. 実験室ではエボナイト(硬質ゴム)やガラスなどの絶縁体の表面のすぐ近くに固定した針に高電圧をかけるとできます. 放電によって表面上の電荷分布は指の形になり, その模様は絶縁体の上に硫黄や顔料などの粉を一面にまいておくと見ることができます. CDを電子レンジに入れて3〜4秒温めてもよく似た模様ができます(電子レンジを傷つけることがあるのでお勧めしません). 最近素晴らしいフラクタル状のリヒテンベルク図形が透明なアクリルの塊に高速(光の速さの95%以上)の電子ビームを照射することによって観測されました. フラクタルの指は雷に打たれた人の皮膚にもみられます. 雷の電流が体を通り抜けたとき, 皮膚の下の血管が破裂してできるものです.

フラクタルの粘性指は圧力をかけられた2種類の液体が互いに押しあうことでできます．ヘレ－ショー・セル（イギリスの技術者ヘンリー・ヘレ－ショー（Henry Hele-Shaw）(1854-1941)にちなんで名づけられたもの）は0.5 mmの間隔で並べた2枚のガラス板の間に油やグリセリンなどの粘性の高い液体を入れたものです．上の板に小さい穴をあけてそこから水を注入すると水は油の中を細かく枝分かれした指の形に広がります．これは2種類の液体の圧力と表面張力のバランスでできるものです．

上で述べたさまざまな現象は互いに無関係に見えるかもしれませんが，数学的には共通するものがあります．ラプラス方程式はフランスの数学者ピエール－シモン・ラプラス（Pierre-Simon Laplace）(1749-1827)にちなんだものですが，多くの物理現象を表す基本的な方程式です．硫酸銅溶液の中の銅イオンの各場所での密度，ヘレ－ショー・セルの板の間の各点での油の圧力，そして静電ポテンシャルも，フラクタルの指という共通点に加えて，ラプラス方程式を満たします．プロセスにもともと入っているランダム性とラプラス方程式が合わさって，さまざまな状況で似たようなフラクタル状の成長パターンができることの背景となっています．

フラクタル時系列

金融データ以外にもさまざまな量，たとえば温度と風速，川の水量，貯水池の水位，インターネット・トラフィックなどは時間とともに不規則に変化します．こうした量のグラフを長期間にわたってプロットすると，グラフはブラウン運動とは多少異なるかもしれませんが，フラクタル的なふるまいをすることがあります．

　時系列を解析する方法の1つ，スケール変換解析はイギリスの水文学者ハロルド・ハースト (Harold Hurst) (1880-1978) によって導入されました．彼は長年にわたって川や湖の水位の観察を続け，特にナイル川の流域の観察をしました．ハーストの究極の目的は，あふれたり枯渇したりしない貯水池を設計することでした．そのためには通常の範囲の水位の変化だけでなく，雨季が長引いたとき，または逆に干ばつのときのようにまれにしか起こらないような極端な水位の変化も考慮に入れる必要がありました．ハーストは水位が最も大きく変化する期間の変化量と典型的な変化量の比を，さまざまな期間にわたって計算した結果，かなり良い近似でべき乗則にしたがうことに気づきました．より正確に述べると，観測する期間の長さを t とするとき，$R(t)$ を水位の変化幅（最大値から最小値を引いたもの），$S(t)$ を標準偏差（すなわち普通の変化）とします．ハーストは，0 と 1 の間の数 H を用いて

$$\frac{R(t)}{S(t)} = （定数）\times t^H$$

と表せることに気づきました．この H はハースト指数とよばれています．水位についてだけでなく，ハーストはこの法則が多くの時間変化のデータでなりたつことに気づきました．図 42 はハースト指数のさまざまな値に対してシミュレーションを行って得られたグラフを表しています．H の値が小さいときは，短期間のグラフの変化量は長期間の変化量とほとんど変わりません．一方で H が 1 に近いときは，短期間の変化量はほとんどなく，大きな変化が起こるまでには長い時間がかかります．

　図 42 のグラフの異なった性質を区別する別の，そしてもっとはっきりした方法はフラクタル次元を使うことです．ハースト指数

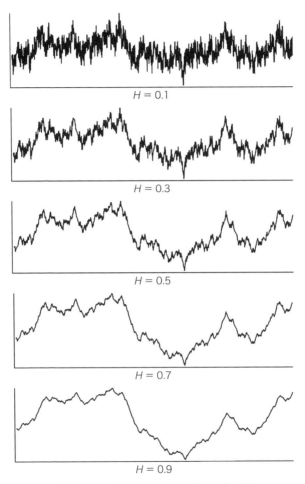

$H = 0.1$

$H = 0.3$

$H = 0.5$

$H = 0.7$

$H = 0.9$

図 42 ハースト指数のさまざまな値に対する時間変化のグラフ.

H のグラフのボックス次元は $2-H$ であることが数学的に示せます．ですからハースト指数が 0 に近いということは，グラフは激しく不規則な変化をし，その次元は 2 に近く，ハースト指数が 1 に近いときはグラフの次元は 1 よりわずかに大きいだけです．

ハースト指数が示すもっとも重要なことは，多くの効果が競い合った結果として起こる現象の統計的予測可能性，つまり長期間の**時間依存性**です．H が 0.5 より大きければ過去と未来の間に正の相関があります．つまり注目している量がしばらくの間増加していれば，この先も減少するよりは増加する傾向が強くなります．一方で H が 0 と 0.5 の間なら，増加の期間に続いて減少が起こる傾向が強いです．$H=0.5$ のときは(ブラウン運動も $H=0.5$ ですが)過去の記憶をもちません．つまり未来の傾向は過去に起こったことと独立です．株価のハースト指数は 0.5 に近く，グラフは約 1.5 次元で過去の価格の情報だけでは将来のふるまいの予測には十分でないことを表します．

ハースト指数はある期間に起こりうる極端な値がどのくらいになるかの統計的指標にはなりますが，いつ極端な値が起こるかについてはほとんど情報を与えません．それでも十分役に立ちます．ハーストの水文学の論文に戻ると，そうした解析にもとづいてたとえば次の 100 年間での川の水位の最大値を予測することができ，どのくらいの防水壁を作ればいいかがわかります．

1965 年にハーストは水文学のデータだけでなく，気象データ，堆積物の厚さ(何千年にもわたって毎年堆積していく泥の層)，太陽の黒点の数，年輪の幅のようなさまざまな現象を調べました．こうした自然現象に対する H の値は 0.68 と 0.77 の間という驚くほど狭い幅の中に集中しています．最近の研究によればそれより幅広い

評価も得られていて，このことは実験データからハースト指数を算出することの難しさを表しています．解析によって多くの自然な状況で実際に 0.5 より大きい値をとることが確認されていて長期間の時間依存があることを示唆しています．こうした「過去の記憶」についてはその理由が説明できる場合もあります．たとえば，大量の降水は河川を満たすという直接的な効果のほかに，それが流れこむ流域を飽和状態にして地面が多くの水を含んでその水が長期にわたって川に流れ込み，このことが新しい雨水を貯めにくくしているというわけです．

6 現実世界のフラクタル

　これまでこの本で見てきたほとんどのフラクタルは数学者の作った理想的な世界のものでした．その世界では，フラクタルを作るための操作は理論上無限に繰り返すことができ，図形をいくらでも拡大して細かい構造を見ることができました．もちろん現実の世界ではそうはいきません．現実世界で出会うのは近似的なフラクタルです．現実のものを拡大しすぎると自己相似性は失われますし，さらに拡大すると分子，原子の構造に行きあたります．それでも自然界の物をフラクタルとみなせる場合があります．十分広い範囲のスケールで不規則性や自己相似性をもつ場合です．そもそも，現実を科学的に記述した「モデル」はどれも近似であって，自然界のフラクタルもその一例にすぎません．惑星は完ぺきな球体ではありませんが，軌道の計算をはじめとする多くの目的に対しては，球とみなしてもほとんど精度は落ちません．同じように，日常で出会うものの構造や運動に関係する計算ならばニュートン力学で十分です．もっとも，量子力学や相対性理論が関係してくるような，はるかに小さい，またははるかに大きいスケールでは効力をなくしますが．

　現実のものは，少なくとも2段階くらいで全体と似た部分を含む形をしていれば「フラクタル」とよばれています．その程度でも数学的に厳密なフラクタルによく似ていることが多いのです．図17のシダがその例です．別の言い方をすれば，次元を求めるため

の箱数えを行った結果，一番大きい箱と小さい箱の大きさの比が10以上の範囲にわたってべき乗則がなりたてば，その指数がその物体の次元だと言えます．あくまでべき乗則がなりたつ範囲に限っての次元だということを忘れなければ，対象とする物体やその物理的なふるまいについての有益な情報を与えてくれます．

　フラクタル的な見方が理解の助けになる例をいくつかあげてみましょう．

海岸線と景色

　海岸線，地形，川の流域などの地理的な形はさまざまなフラクタル的性質をもっています．第3章では，ある範囲の箱の大きさにわたって箱数えを行ってイギリス諸島の海岸線のボックス次元を求め，それが約1.2だということをお話ししました．なめらかな境界線ならば次元は1になるはずです．測るスケールによって海岸線の長さが異なることを初めて定量的に明らかにしたのはルイス・リチャードソン（Lewis Richardson）（1881–1953）でした．リチャードソンは戦争の原因に興味をもち，関係しそうなデータを幅広く集めました．海岸線や国境の長さも隣り合う国の緊張状態と関係がありそうです．リチャードソンは地図上でいろいろな歩幅で測って海岸線の長さを求めようとしました．歩幅が短ければ，粗い測定では見落とされていた湾や岬のような凹凸が見えてきて，その結果全体の長さは増加します．こうして計算した長さは，測定に用いた歩幅が小さくなるほど増加することに気づき，歩幅と長さの対数をとってグラフにプロットしました．その両対数グラフには直線が現れました．円やなめらかな曲線の場合は平らに横に伸びる直線，つまり傾

きが0の直線になりますが，イギリスの西海岸では傾きは約0.25で海岸線の「フラクタル性」がはっきり現れています．リチャードソンの測定結果とグラフが出版されたのは彼の死後8年たった1961年でしたが，それより何年も前に彼がこのことを人に話していたという証拠があります．リチャードソンのデータはマンデルブロの1967年の論文「イギリスの海岸線の長さはどれだけか」に載っています．この論文によると，リチャードソンの計算は海岸線の次元が，広いスケールの範囲で $1+0.25=1.25$ であることを示しています．このことは，フラクタル次元は自然界のものの性質を表すのに適していて，不規則性をもつ現実の現象を調べるのにフラクタルの概念が役立つことを科学者に納得させる重要な役割を果たしました．

フラクタルが海岸線以外の地形にも現れることは驚くべきことではないでしょう．田園地帯の地面の凹凸がそのいい例です．およそ100 kmから1 mの範囲でフラクタル性を見せています．山脈には多くの峰があり，そのひとつひとつに小さい頂があります．山の斜面には大小のうねりがあり，それは場所による地質の違い，水の流れによる浸食，土質の不規則性による小山や盛り上がりなどによるものです．地表の次元は当然ながら場所によって異なり，だいたいロッキー山脈の約2.25からユタ州のソルト平野（平らでなめらかな表面）の約2までにわたります．

山の稜線もその場所の地形によって決まります．高い丘や高地があれば低い場所の地形は見えません．フラクタルになっている地形は，空との境界もフラクタルになります．稜線の次元はふつうは地面の次元より1だけ小さくなります．ですから山の稜線の次元は約1.2で高低のあまりない平原なら1に近くなります．

　数学的なフラクタル図形の作り方は，本物のようにみえる地形を
コンピュータで効率的に作る方法として応用されています．ブラウ
ン運動のようなランダムな曲線を作り出すのと同じような方法で，
ランダムな面ができます．最初は(低い)ピラミッドから始めて，そ
の各面に小さいピラミッドを作ります．上向きか下向きかはラン
ダムに決めましょう．面の真ん中に小さいピラミッドを作る操作を
繰り返していくとフラクタルの面が作れます．本物らしく見えるた
めには作るときにパラメータをうまく選べばいいのです．「田園の」
景色のようにみえる面は2.1次元くらいで，山岳のような面は2.2
次元に達します．フラクタルの景色は芸術作品や映画で使われてい
ます．1980年代の前半に製作された「スタートレックII／カーン
の逆襲」と「スター・ウォーズ／ジェダイの帰還」をはじめとする
多くの映画にフラクタルの惑星や景色が見られます．普通は風景全
体がどう見えるかが重要で，細かい形はそれほど重要ではありませ
ん．ランダムフラクタルを用いれば，そうした景色を効率的に，映
画のセットよりずっと低価格で制作，変更できるのです．

乱　流

　乱流として流れる流体や気体はなめらかでなく渦を巻くようなふ
るまいをします．蛇口をひねったとき水はまずなめらかな流れとし
て出てきますが，そのあとで不規則で乱れた流れとしてほとばしり
ます．乱流は制御や予測が困難で，豪雨のときの猛り狂う流れ，突
風，飛行機の揺れなどの激しい現象と関連しています．科学者たち
が何百年も集中的に研究を続けているにもかかわらず，まだ理解か
らほど遠い段階です．乱流の研究の第一歩はナビエ=ストークス方

程式の解のふるまいをより深く理解することでしょう．この方程式は 19 世紀初頭に導かれた流体の基本方程式です．これを解くことがいかに重要で困難かは，クレイ数学研究所が 2000 年に賞金 100 万ドルをかけた「ミレニアム問題」としてナビエ = ストークス方程式の基本性質の証明を挙げたことからもわかります．

　乱流のでき方のひとつは，さまざまなサイズの渦で次々に小さくなっているものが重なる階層構造です．このアイデアはルイス・リチャードソンが 1922 年に提唱しましたが，自己相似性の概念を含んでいて，よく引用される彼のパロディにうまくまとめられています．

　　大きい渦には小さい渦が寄生して，速度を吸いとる．小さい渦にはさらに小さい渦が寄生して，それが続いて粘性となる．

　（この元になっているジョナサン・スウィフトの『詩について：あるラプソディ』の一節は，数学者アウグストゥス・ド・モルガン（1806-71）によってすでにフラクタルの香りがする言いかえがなされています．

　　大きいノミの背中には小さいノミが寄生して，血を吸いとる．小さいノミにはさらに小さいノミが寄生して，それが無限に続いていく．）

　1941 年にロシアの数学者アンドレイ・コルモゴロフ（Andrey Kolmogorov）（1903-87）は，この考えに基づく比較的濃度の小さい流体にあてはまる定量的な理論を作りました．エネルギーは一番大きい渦から中間の渦に伝搬し，一番小さい渦まで伝わってそこで

熱として消散する，というものです．乱流は等方的(特に好まれる方向がない)，かつ一様(流体はどこでも同じである)であると仮定して，コルモゴロフは観察事実とかなりよく合う理論を作り上げました．それでも観察データとはまだずれがあり，特に小さいスケールで見るときエネルギーの消散は等方的でなく，場所によって変化してかたまりもできています．これは間欠性とよばれる現象です．1970 年代初頭にブノア・マンデルブロは，もし乱流の動きが一様でなくてフラクタル状の領域に集中しているならば説明できるのではないかと考えました．そうしたモデルを仮定して実験を行うと，流体の中の乱流領域は約 2.4 次元のフラクタルであると推定されます．

体の中のフラクタル

枝分かれするフラクタルのネットワークがさまざまな形でみられるのは，人間をはじめとする哺乳類の体の中，特に，呼吸器，血管系，神経系です．その巧妙につくられたネットワークは体の生理的機能を効率的にするのですが，こうした枝分かれが形成されることの根底にどのような進化論的，生物物理学的メカニズムがあるかは明らかになっていません．

肺のフラクタル構造 呼吸器系を見てみましょう．気管は 2 つの気管支に分かれて 2 つの肺につながっています．これらの管は細い管に分かれ，枝分かれを繰り返し，11 回ほど枝分かれすると非常に多くのとても細い細気管支とよばれる管になり，その終端には肺胞とよばれる薄い壁の袋がついています．肺には約 4 億のぎっしり詰まった肺胞があります．口や鼻から吸い込んだ空気は気

管を下って肺に導かれ肺胞に到達します．そこで酸素が血液に渡され，二酸化炭素が血液から取り込まれ，息とともに吐きだされます．成人の肺は縦約 30 cm，横約 13 cm ですが，分岐するフラクタル構造のおかげで，ひろげると面積は約 80 m^2 に達します．フラクタル構造をしているからこそ，こうした大きい面積のものが限られた体の一部におさまり，体全体に十分いきわたるような酸素を効率的に血液に供給できるのです．

血管のフラクタル構造 血液を体中に運ぶ血管も枝分かれするネットワークの例です．血液は心臓から体全体につながる動脈によって送り出され，動脈は小動脈に枝分かれを繰り返し，最後には直径 0.01 mm の毛細血管になります．酸素と栄養は細い毛細血管の壁を通って体の組織に渡され，逆に老廃物は毛細血管へ取り込まれます．これがうまく機能するためには体のなかのどの細胞も血管から約 0.1 mm 以内になければなりません．さらに，血液の循環が効率的に機能するためには，心臓と毛細血管との距離が離れすぎてはいけません．こうした要請から複雑に枝分かれしたフラクタル・ネットワークとなるのです．血管の長さを全部足すと 10 万 km にもなります．

目の網膜の血管を見ても，図 41 と似た印象的な枝分かれをしています．実際，網膜の血管ネットワークの次元をあるスケールの範囲で計算すると 1.7 となります．

医学への応用

心拍数のグラフ 人間の心拍数を数秒ごとに測って，たとえば半時間分をグラフにしたとします．このグラフには心臓の状態に関す

る多くの情報が含まれています．心臓は一定のリズムで打っている わけでなく短期的にも長期的にも変動があり，健康な心臓の場合は 株価のグラフを思わせるフラクタルのグラフになります．これは体 の中に複雑なフィードバックシステムがあることの反映です．体の 中のありとあらゆる部分の働きが絶え間なくモニターされ，心臓の 動きを決めているのです．これまで数学ではきわめて単純な操作で フラクタルができることを見てきましたが，体は単純からは程遠い です．不規則すぎる変動は，もしかしたら心房細動のサインかもし れません．心臓の収縮が急だったり不規則だったりするときに起こ る症状です．一方で小さすぎる変動はうっ血性心不全のサインかも しれません．それは心臓が体の要求に応えられないことから起きま す．心拍数のグラフの分析はそうした問題を見つけることができま す．大雑把に言って，健康な心臓の心拍数のグラフの次元は 1.5 く らいで，それより大きいか小さい場合は何らかの問題があることを 示しています．フラクタル解析はシグナルの振動数解析など他の方 法と併せて心臓と循環器系の病気の診断に使われています．

がんの診断 ここ数年の間にがんの早期発見と分類にフラクタル を使う方法が大きく進歩しました．体の一部のスキャンや生検標本 のフラクタル解析によって腫瘍の成長の様子がわかります．たとえ ば，血管にがんができると血管の配置，つまり血管のネットワーク の形が変わります．腫瘍細胞が新しい血管を作るのに必要なたんぱ く質の形成をうながすことが原因です．その結果，枝分かれした非 常に短い血管がたくさんできます．それが健康な血管系と比べて無 秩序にぐちゃぐちゃにつながった形になります．フラクタル次元は そうした変化を数で表します．血管系の画像のボックス次元をある スケールの範囲で求めれば，異常は次元の増加に反映されます．フ

ラクタル解析は，先端的で自動化されたがんの発見方法の中に組み入れられています．この方法は乳がん，皮膚がん，白血病の発見に役立ちます．

雲

　雲は大気中に浮かんだ細かい水滴や氷の結晶からできています．空気が地表付近で暖められ，上空に上って冷やされてある温度に達すると，今まで含んでいた水分をこれ以上保てなくなります．そうした余分な水蒸気は空気中の塵などを核として集まって小さい水滴になり，目に見える雲を形成します．上空で冷やされた空気は再び地表に戻り，対流が起こります．雲はいろいろな特徴的な形で現れます．その形を決めるのは空気の流れ，そして周りの気圧と温度などです．山が近くにあるか，地表が何に覆われているかなどの要因も影響して気候の変化をさらに複雑にします．

　雲の形はさまざまですが，中にはフラクタル的なものもあります．巻雲は高いところ（地上5km以上）にある氷の結晶が集まってできた層状の雲です．羽毛がより合わさった形の束ができ，その束がさらに並んでいわゆる「牝馬の尾」を形作っています．

　高積雲（ひつじ雲）は2〜6kmの高さにある対流によってできる雲です．たくさんの灰色がかった丸いかたまりが，ぎっしりと集まっています．かたまりの間には青空ものぞいてイワシの背の模様を思わせます．大きいかたまりの間には小さいかたまりがあって，自己相似性がみられます．

　積雲は「晴れの日雲」ともよばれ，大きい白い綿のようなかたまりで，雲の上側と横の輪郭は不規則に曲がった線ですが，雲底はほ

とんど平らでふつう地上 2 km より低いところにあります．積雲の輪郭はフラクタルで，写真を撮って箱数えをおこなうと輪郭の次元は約 1.16 です．立体の表面の次元については，立体の写真の輪郭の次元より 1 大きいとする理論的根拠があります．たとえば，球面の写真を撮ると輪郭は円であり，円の次元が 1 であることは球面の次元が 2 であることと対応しています．同じように考えると，雲の表面の次元は 1.16+1=2.16 となります．雲は太陽の光を反射し，地表から上がってくる熱を反射，吸収さらに再放射します．ですから雲は大気と地表の温度に大きい影響を与えます．フラクタル状の雲は表面が大きくて複雑な形をもちます．このことは熱の吸収，放出，反射に関与する表面が，雲が球形だとした場合よりはるかに大きいということです．雲のフラクタル性は地球の気候のきわめて複雑な変化の大きな要因となっています．

銀　河

　宇宙そのものが何らかの階層的構造をもつという考えは少なくとも 200 年前からありました．ジョン・ハーシェル（John Herschel）（1792-1871）ら天文学者やイマニュエル・カント（Immanuel Kant）（1724-1804）をはじめとする哲学者は，私たちの観測できる宇宙の一部とそっくりのものが大小さまざまなスケールで宇宙にあると考えていました．1907 年にエドムンド・フルニエ・ダルブ（Edmund Fournier d'Albe）（1868-1933）は『2 つの新世界』と題する名著を出版して，その中で星は階層的に配置されていると提唱し理想化された配置図を載せましたが，その図はまさに自己相似なフラクタル状の塵になっていました．1970 年代には技術が進歩し，多くの遠

方の銀河を見つけ正確な位置を知ることができるようになりました．ハッブルの法則は，銀河が地球から遠ざかる速さは地球からの距離に比例するという内容ですが，この遠ざかる速さは赤方偏移によってかなり正確に測れます．赤方偏移とは遠ざかる銀河からくる光がスペクトル上で赤い方にずれることです．この技術によって宇宙の何百万光年も離れた場所の様子がわかるようになりました(1光年とは光が1年かかって到達する距離，すなわち約10兆 km です)．

　銀河の分布は，宇宙の進化と構造を調べる宇宙論にとって基礎です．1980年代初頭には宇宙の地図は5000万光年離れたところまで作られていました．このデータに基づいて，ジム・ピーブルス，ブノア・マンデルブロたちは銀河は場所によらず一様に分布しているのではなく，階層的でフラクタル状に分布していると提唱しました．現在，宇宙物理学者たちの一致した見解では「比較的小さい」スケール，おそらく3億光年くらいにわたって銀河は約2次元のフラクタル状に分布しています．つまり，10億ほどの星が集まって銀河になり，銀河が集まってクラスタを作り，クラスタが集まって超クラスタになっています．けれども，これより大きいスケールに関しては意見が分かれます．フラクタル性が無限に続くと信じる人もいれば，あるスケールまでいくと宇宙は一様で次元が3に近くなると信じる人もいます．最近の30億光年離れたところまでの観測は一様性を支持しているようにみえますが，フラクタル性もまだ否定されていません．

フラクタル・アンテナ

アンテナと共鳴波長　アンテナは電波を発信および受信するもので，ラジオやテレビの送受信，最近では携帯電話や GPS の中核となる部分です．アンテナの設計は難しい問題です．ふつうアンテナはある特定の共鳴波長(特定の周波数)で通信を行います．ほかの波長でも少しは通信できますが，効率はぐんと落ちます．

　理想を言えば，アンテナは通信の波長と同程度の大きさが望ましく，ふつうは波長の $\frac{1}{2}$ か $\frac{1}{4}$ ですが，全体を小さくせよという制約がつくことがあります．たとえば携帯電話は 900〜1800 MHz の周波数で通信を行い，これは波長で言うと 17〜33 cm ですが，アンテナはそれよりかなり小さくせざるを得ません．

　フラクタル・アンテナ　この問題を克服するためにフラクタル・アンテナが導入されました．要するに電波を受け取れる長さの材料をフラクタルの形に収めて，小さくまとまった形にしようということです．これまでにコッホ曲線などのフラクタル曲線に近ければ非常に長いものを作れることをみてきました．フラクタル型の伝導体は簡単に作れます．別の可能性としては，伝導体を自己相似フラクタルの形にしてフラクタルの相似比に対応する複数の波長と共鳴するように作ることです．たとえばシェルピンスキーの三角形は，1，$\frac{1}{2}$，$\frac{1}{4}$，$\frac{1}{8}$，$\frac{1}{16}$ 倍等の自分自身の縮小コピーからできていて，基本波長のこのような倍数に対して効率的に通信できます．このアイデアからシェルピンスキー・ダイポールが発明されました．シェルピンスキー三角形を頂点で 2 つつないだもので，つなぎ目に導線を接続します．シェルピンスキー三角形を作るときのパラメータを変えると別の波長に対応するアンテナができます．一方ランダムに

枝分かれする「フラクタルの指」は，相似比倍数はどこでも正確に同じというわけではありませんが，ある幅の波長に連続に対応できます．

マルチフラクタル

染料とマルチフラクタル　せっかくここまでフラクタルの解説をしてきましたので，マルチフラクタルについてもお話ししましょう．何らかの量の分布が場所によって大きく変化すれば階層的なフラクタルが現れます．たとえば，染料（食用着色料など）を1滴水にたらすと不規則な形になって広がっていきます．ある場所では濃く別の場所では薄く，またほとんど色のついていない場所もあるでしょう．染料の濃度がある値になるような場所は規則的な形とはほど遠く，フラクタルになりそうです．濃度の値が異なると対応するフラクタルの形も変わります．横軸に濃度，縦軸にその濃度の部分の次元をとってプロットすると「スペクトル」になります．これがマルチフラクタル・スペクトルで水中の染料の分布の情報を表しています．

小数のマルチフラクタル　次に0と1の間の数を小数で表示したものを考えてみましょう．ここにもマルチフラクタルが現れます．各桁に現れる数の分布からさまざまなフラクタルができます．代表として，各桁の数をランダムに選んだ小数を書き下してみると，

0.40986721504290346318650372909536258741121853608794…

のように 0, 1, 2, 3, 4, 5, 6, 7, 8, 9 の数字がそれぞれ約 10% 現れま

す. また，πの最初の 1000 万桁のうち 9.994% が 0 で，桁数を増やすにつれ「代表としてとった」数の 0 の出現率は 10% に近づいていきます. それでも出現率が異なる数もいくらでもあります. たとえば 1 つおきに 0 がある数

0.601040507030801040203030907060040...

は 0 の出現率が 50% です. このような数は 0 の出現率が 10% となる数と比べてはるかに少ないのです. そこで問題ですが，0 と 1 の間にあって 0 の出現率がそれぞれ 10%, 20%, 30% などになる数の集合の大きさはどのくらいでしょうか. 実は 0 の出現率をいくつに決めてもその集合はフラクタルになります. そしてその集合の大きさを測る自然な方法はフラクタル次元です. 出現率を変えるとフラクタルも変わり，その次元が計算できます. 計算した値を下の表にしました(技術的な理由からボックス次元でなくハウスドルフが定義した次元を使っています).

0 の出現率(%)	0	10	20	30	40	50	60	70	80	90	100
次元		0.95	1.0	0.98	0.93	0.86	0.78	0.67	0.55	0.41	0.24	0.0

　図 43 はこれらの次元のグラフ，つまり 0 の出現率のマルチフラクタル・スペクトルです. ここで見ていただきたいことは，0 の出現する割合が 10% の数の集合の次元は 1 で，他のどの出現率の数と比べてもずっと現れやすいということです. ここで私たちはたった 1 つの量に注目してきました. 今の場合は 0 の出現率ですが，それだけでこれだけたくさんのフラクタルが定義できます.

　エノン・アトラクターのマルチフラクタル　もうひとつ数学の例を見てみましょう. たとえばエノン・アトラクター(図 7)のようなフラクタルを，関数の反復による軌跡として描いていくとします.

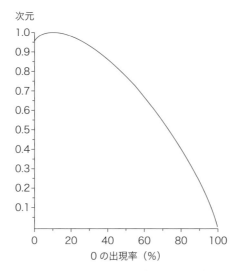

図 43 数字の中の 0 の出現率のマルチフラクタル・スペクトル.

描き続けていくとフラクタル・アトラクター全体にわたって点が描かれますが，点の密度は場所によって大きく異なります．フラクタルのうちのある部分は軌跡が他の部分と比べて頻繁に訪れます．軌跡が訪れた点はフラクタル全体にわたって一様に分布するのではなく，場所によって点の密度が異なることがわかります．1 つ数を決めるごとに，密度がその数になるような場所を見れば，さまざまな次元のフラクタルの階層構造が見えてきて，その様子はマルチフラクタル・スペクトルで表すことができます．

マルチフラクタル画像解析　画像解析の分野ではマルチフラクタル解析がさまざまな場面で応用されています．モノクロ写真では濃淡は黒一色からさまざまなグレーのトーンを経て白まで変化できます．この濃淡がマルチフラクタルを定義します．マルチフラクタル

画像解析は物の質感を分類し区別して，性質の異なる部分に分解するために使われています．衛星写真からどのような作物がどこに栽培されているかを読み取るためにも使われます．自動化されたマルチフラクタル解析は医学でもがん組織を見つけるために特にマンモグラフィーで乳がんの診断に使われています．

自然界のマルチフラクタル　他にも何らかの量の分布の場所による変化がマルチフラクタルになる例が多くあります．雨量の分布は場所により時間により大きく変わります．ある条件のもとでは霧雨，小雨，大雨の領域が互いにすぐ近くにあってマルチフラクタル分布を作ります．ある国の植物や樹木の種類の密度分布はマルチフラクタルの性質をもつかもしれません．同じように，植物プランクトン（海中にある植物に似た性質をもつミクロな有機体）は密集した塊を作ることもあれば，薄く分布することもあり，密度が大きく変わることからマルチフラクタルになります．

7 歴 史

　幾何学は目に見えるものを対象とし，現実に応用がきくことか
ら，最も古くからある数学の分野の1つです．幾何学が時代とと
もに発展するにつれ，その応用もますます高度になっていきまし
た．古代文明には建築学，工芸，天文学がみられますが，そのため
には物の形，大きさ，位置を記録し分析することが必要でした．角
度，面積，体積の概念は測量および建設に必要であることから発展
しました．特に2つの形が重要でした．直線と円です．直線と円
は，多くの場面に現れ，さまざまな人工物のデザインの基礎にもな
っています．実用面だけでなく，哲学者たちは幾何学の美的な側面
を重視して，幾何学の構造とその応用の中に簡潔さを求めました．
この簡潔さの探求がピークに達したのはギリシャ学派の頃で，特に
プラトン（紀元前 428-348 頃）とユークリッド（紀元前 325-265 頃）
にとって定規とコンパスのみによる作図（直線と円に対応）こそ幾何
学的な完全さの本質でした．
　時代が進むと，幾何学の問題を代数学で表現して解く方法が見つ
かりました．大きな進歩をもたらしたのはルネ・デカルトが導入し
たデカルト座標で，それによって図形を方程式で簡潔に表すこと
ができるようになりました．17 世紀後半になってアイザック・ニ
ュートン（Isaac Newton）（1642-1727）とゴットフリート・ライプニ
ッツ（Gottfried Leibniz）（1646-1716）が互いに独立に作り上げた微

積分学への道を整備したのがデカルト座標です。微積分学によって，なめらかな曲線に接する接線を求め，さらに多種多様な幾何学図形の面積や体積を求める数学的な方法が確立されました。さらに，直線や円ほど単純でない幾何学図形が自然の中に存在することが明らかになり，どうしてそのような形になるのかも数学的に説明できました。たとえば，チコ・ブラーエの観測データを用いて，ヨハネス・ケプラーは惑星が楕円軌道を描くことを提唱し，そしてそのことはニュートン力学と重力法則によって立証されました。

こうした道具や方法が，いまや数学と科学の限りない進歩のために自由に使えるようになったのです。すべての幾何学図形が解析できるのではないかという希望も出てきました。運動法則と微積分学を合わせれば，打ち上げた物体の軌道や天体の運動が計算でき，微積分学から発展した微分方程式によって流体の流れのようなさらに複雑な軌跡を追うこともできます。微積分学はこうした応用すべての基礎にあるのですが，それ自体の基礎は 19 世紀までは厳密というよりは直感的なものでした。19 世紀になってようやく，オグスタン・コーシー（Augustin Cauchy）(1789-1857)，ベルンハルト・リーマン（Bernhard Riemann）(1826-66)そしてカール・ワイエルストラス（Karl Weierstrass）(1815-97)を初めとする第一線の数学者達が，現在ではなくてはならない連続性と極限の概念を確立しました。特に，曲線が「微分可能」であること，すなわち曲線と 1 点で接する接線が存在することを厳密に定義しました。多くの数学者は研究に値する曲線はすべてなめらかで良い性質があり，各点で接線をもち，微積分学とその成果が適用できると思っていました。ですから 1872 年にカール・ワイエルストラスがどの点でも微分不可能で接線が引けないギザギザだらけの「曲線」を作って見せたと

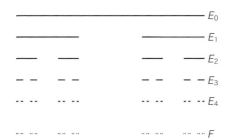

図44 3分割カントール集合 F. カントール集合を作成す
る各段階 $E_1, E_2, \ldots$ は，前の段階でできた各線分の中央
の3分の1を切り取る操作によって得られる.

きは皆が驚愕しました．ワイエルストラス曲線は最初に数学的に定
義されたフラクタルと言ってよいでしょう．実際にフラクタル次元
が1より大きいことが証明されています.

　1883年にドイツのゲオルク・カントール（Georg Cantor）（1845-
1918）は，自分の論文の中で線分の中央の3分の1を切り取る操作
を繰り返してできる「3分割カントール集合」を導入しています
（図44）．この集合は $\frac{1}{3}$ 倍のコピー2つからできていて，もっと
も基本的な自己相似フラクタルと言えるでしょう．実は，カントー
ルが興味を持っていたのは幾何学的な性質ではなく，位相的およ
び集合論的性質，つまり全不連結であることなどだったのですが
（ほとんど同時期に同じような形の集合を考えていた数学者も何
人かいました．そのうちのひとりがオックスフォードの数学者ヘ
ンリー・スミス（Henry Smith）（1826-83）で1874年の論文に書い
ています）．1904年にはヘリエ・フォン・コッホがコッホ曲線を
考案しました．どの点においても接線をもたない曲線で，ワイエ
ルストラス曲線より簡単に作れます．そして1915年にポーラン
ドの数学者ヴァーツワフ・シェルピンスキー（Wacław Sierpiński）

(1882-1969)がのちにその名を冠した三角形を，1916年にはシェルピンスキー・カーペットを導入しました．シェルピンスキーがカーペットに興味をもったのは「普遍的な」集合であるという観点からでした．普遍的とは「位相次元」が1であるすべての図形を連続変形したコピーを含むという意味です．いまあげた図形はどれも今日ではよく知られたフラクタルですが，当時は自己相似性がほとんど注目されていなかったため，トポロジーや微積分学における特定の目的のための例や，当然と思われていたことの反例としてあげられました．

　1918年になってフェリックス・ハウスドルフが3分割カントール集合などの図形の「大きさを測る」自然な方法を提唱しました．その方法にはコンスタンティン・カラテオドリ（Constantin Carathéodory）（1873-1950)の一般理論が使われています．ハウスドルフは3分割カントール集合の次元が $\frac{\log 2}{\log 3} \doteqdot 0.631$ であることを示し，他の自己相似集合の次元も求めました．フラクタル次元の明確な概念が初めて現れたのはこの時でした．今日では「ハウスドルフ次元」とよばれ，数学者が最もよく使う次元の概念です（ハウスドルフはいくつかの数学の他の分野および哲学において基礎となる研究をしましたが，ドイツ系ユダヤ人であり，1942年に収容所に送られることを避けて自殺した悲劇の人です）．ボックス次元は，いろいろな意味でハウスドルフ次元より簡単で，ジョルジュ・ブーリガン（Georges Bouligand）（1889-1979)が1928年の論文で導入しました．それと同値な定義のアイデアはもっと早くに，相対性理論に関する業績で知られているヘルマン・ミンコフスキー（Hermann Minkowski）（1864-1909)というポーランドの数学者が提唱していました．

　長い間，フラクタル次元に興味を持つ数学者はほとんどいませんでした．ひどく不規則な図形は病的なものと思われていたからです．特筆すべき例外はアブラム・ベシコヴィッチ(Abram Besicovitch)(1891-1970)で，彼はロシア人の数学者でケンブリッジ大学で長年教授職に就いていました．ベシコヴィッチは弟子たちとともにいろいろなフラクタルの次元とその幾何学的性質を調べました．

　1960年代半ばになってようやくフラクタルは数学，科学，経済学において広く研究される対象となりました．1つの理由は比較的強力な計算機が登場して，まともなフラクタルの絵を描くことができるようになり，その美と複雑さに人々の注意を向けたことです．ブノア・マンデルブロは今日精力的に研究されているフラクタルの概念の発展に対する大きな貢献者です．マンデルブロはワルシャワに生まれ，ナチの脅威が迫る中，1936年に家族とともにフランスに逃れました．そこで教育を受け，1952年にパリ大学で博士号を取得しました．数学の研究だけでなく，物理，天文学，経済学などにおいて幅広い状況で見られる自己相似性とその効果に興味と熱意を向けました．1958年にニューヨーク州のヨークタウン・ハイツにあるIBMの研究所に入り，1987年にイェール大学に職を得るまで，最先端の計算機を駆使し続けました．

　1960年代後半には不規則な形は例外というよりはありふれていて，系統的かつ統一的な方法で研究すべきであるというマンデルブロの主張は広く受け入れられるようになっていました．それでも数学者や科学者のなかには疑問視する者もいました．マンデルブロは「フラクタル」という言葉を1975年に導入しました．ラテン語のfractus(意味は「ばらばらになった」)に由来していて，簡潔で，そ

れまで使われていた「整数でない次元をもつ集合」というほど素っ
気なくない, 適切な命名でした. マンデルブロの 1975 年の本 *Les
objets fractals. Forme, hasard et dimension* は *Fractals: Form,
Chance and Dimension* というタイトルで英訳され, 1977 年に出
版されました. この本は科学のさまざまな領域に見られる自己相似
性の概念を統一し, 自己相似なものが豊かに存在することに人々の
注意を向けました. 続いて 1982 年に出版された『フラクタル幾何
学』とともに, マンデルブロはフラクタル数学がさらに発展すべき
だと主張し, ベシコヴィッチの論文のようにほとんど忘れ去られて
いたものを掘り起こし, フラクタルを銀河, 金融, 地形, 生物, 化
学など多くの対象に応用しました. それにマンデルブロ集合に代表
されるエキゾチックなフラクタルの勢いが加わりました. 複雑な数
学的対象であるだけでなく, 一種のアートとして描かれるようにな
ったのです.

　マンデルブロは, 2010 年に亡くなりましたが, 「フラクタルの
父」とよばれています. 1980 年代以降ほとんどすべての科学の分
野がフラクタルの立場から見直されました. 「フラクタル幾何学」
は数学の主要分野となり, それ自身が純粋な研究の対象として, 広
範な応用とともに発展し続けています.

付　録

　ここでは，少しだけ数学を使っても，本文で説明なしに使った式や概念をもう少し詳しく知りたいと思う読者の方々のための説明をします.

指数と対数

　第3章で次元の話をしたときに数の「小数」乗を使いました. その意味を理解するためにまず数の(正の)整数乗から始めましょう. これは同じ数を整数の回数だけ掛け合わせたものです. 数の2乗は平方とも言いますが，たとえば $5^2=5\times5$ で，5の肩に乗っている2は2乗を表します. 3乗を計算するにはもう一度同じ数を掛けます. つまり $5^3=5\times5\times5=125$ です. 数の整数乗はその回数だけ同じ数を掛ければいいのですから，一般に $a^b=a\times a\times a\times...\times a$ で，この掛け算の中に a は b 回現れます. そうすると $5^6=5\times5\times5\times5\times5\times5=15625$ です. この肩に乗る数 b を指数と言います. 掛け算をグループ分けすると，たとえば

$$5^6 = 5\times5\times5\times5\times5\times5 = (5\times5)\times(5\times5\times5\times5) = 5^2\times5^4$$

となりますが，一方で

$$5^6 = 5\times5\times5\times5\times5\times5 = (5\times5\times5)\times(5\times5\times5) = 5^3\times5^3$$

のようにも分けられます．これは**指数の和法則**を表していて，ある数を何乗かしたものに，同じ数を別の数乗したものを掛けると，「2つの数の和」乗したものになるという便利な公式です．式で書くと

$$a^b \times a^c = a^{b+c}$$

ということです．

さてここである数を何乗かして，その結果をさらに何乗かしてみましょう．たとえば，まず5を2乗して，その結果を3乗します．

$$(5^2)^3 = 5^2 \times 5^2 \times 5^2 = (5 \times 5) \times (5 \times 5) \times (5 \times 5)$$
$$= 5 \times 5 \times 5 \times 5 \times 5 \times 5 = 5^6.$$

ここで新しく5の肩に出てきた指数6は2と3の積です．このように，ある数を何乗かして，その結果をまた何乗かすることは，2つの指数を掛けることです．式で表すと

$$(a^b)^c = a^{b \times c}$$

で，これは**指数の積法則**とよばれます．

整数以外の指数を定義するには上の2つの指数の法則が鍵になります．b, c などが整数でなくても指数の法則がなりたつと仮定します．そうすると5の $\frac{1}{2}$ 乗はどう定義したらいいでしょうか．指数の積法則がなりたつということは，$(5^{1/2})^2 = 5^{1/2 \times 2} = 5^1 = 5$ となるということです．つまり $5^{1/2}$ は2乗すると5になる数です．この数は5の（正の）平方根で，約 2.236 です．同じように $5^{1/3} \fallingdotseq 1.710$，$5^{1/4} \fallingdotseq 1.495$ はそれぞれ3乗，4乗すると5になる数，つまり5の3乗根（立方根）と4乗根です．一般に，指数 $\frac{1}{2}, \frac{1}{3}, \frac{1}{4}, \dots$ は平方

根，立方根，4 乗根などを表します．ですから b が正の整数で a が正の数のとき，$a^{1/b}$ は a の b 乗根，つまり b 乗すると a になる数です．

　次に，指数として分子が 1 でない分数を考えましょう．たとえば，$5^{3/2}$（$5^{1.5}$ と言っても同じです）は何を意味するでしょうか．指数の積法則がなりたつとすると，$\dfrac{3}{2} = \dfrac{1}{2} \times 3$ ですから

$$5^{3/2} = 5^{1/2 \times 3} = (5^{1/2})^3$$

です．ここで $5^{1/2}$ は 5 の平方根で，その 3 乗も計算できます．ですから

$$5^{3/2} = (5^{1/2})^3 \fallingdotseq (2.236)^3 \fallingdotseq 11.179$$

です．そうすると，一般に分数 $\dfrac{p}{q}$ と正の数 a に対して $a^{p/q}$ は $(a^{1/q})^p$ と定義すればよくて，ある数の $\dfrac{p}{q}$ 乗は q 乗根を p 乗したものということになります．

　さて，正の数ならなんでも分数の形で表されるとは限りません．たとえば，円周率は円周の長さと直径の比ですが，これは「無理」数です．つまり小数で表そうとすると π＝3.14159265… のように無限に続く小数になります．それでも π にいくらでも近い分数を見つけることはできますから，その分数を指数とすれば π 乗にいくらでも近い数が求められます．たとえば，$5^{3.1416} = (5^{1/10000})^{31416}$ ≒156.9944 で真の値の 5^{π}＝156.9925… に近い数になります．この「真の値」は π の小数点以下をはるかに先の桁までとって計算したものです．このようにすれば指数が整数でなくても指数の積法則と指数の和法則を満たすように，「整数でない数」乗した数が定義できます．

　第3章などで使った対数は，指数と密接な関係にあります．対数の積法則とべき法則は，指数の積法則と和法則を書き直したものです．ある数の対数とは，10を何乗すればその数になるかを表すものでした．ですから，$a=10^c$ と $c=\log a$ は同じことを表しています．

　対数の積法則がなぜなりたつか見てみましょう．$c=\log a$，$d=\log b$ とすると，対数の定義から $a=10^c$ および $b=10^d$ です．この2つの数を掛けると，指数の積法則から $a\times b=10^c\times 10^d=10^{c+d}$ となります．このことから $a\times b$ は，10を $c+d$ 乗したものだということがわかります．別の書き方をすると

$$\log(a\times b) = c+d = \log a+\log b$$

です．

　対数のべき法則についても見てみましょう．$c=\log a^b$ とすると対数の定義から $a^b=10^c$ です．指数の積法則を2回使うと

$$a = a^{b\times 1/b} = (a^b)^{1/b} = (10^c)^{1/b} = 10^{c/b}$$

となります．これは対数の定義から $\log a=\dfrac{c}{b}$ を意味しますから，両辺を b 倍して

$$b\log a = c = \log a^b$$

となります．

複素数の2乗

　第4章で，複素数を2乗するとその大きさは2乗になって角度

は 2 倍になると言いましたが，そのことの説明をしましょう．一般の複素数 $z=x+yi$ の 2 乗は，かっこをはずして計算すると，

$$
\begin{aligned}
(x+yi)^2 &= (x+yi)\times(x+yi) \\
&= (x\times x)+(x\times yi)+(yi\times x)+(yi\times yi) \\
&= x^2+2xyi+y^2i^2 \\
&= (x^2-y^2)+2xyi
\end{aligned}
$$

となります．ここで $i^2=-1$ を使って，$y^2i^2=-y^2$ としました．

座標表示では $x+yi$ は平面内の 1 点 (x,y) とみなせるので，2 乗する関数 $z\to z^2$ は

$$
(x,y) \to (x^2-y^2, 2xy)
$$

と表せます．

ピタゴラスの定理を使って，$(x+yi)^2$ の大きさの 2 乗を計算すると

$$
\begin{aligned}
(x^2-y^2)^2+(2xy)^2 &= (x^2)^2-2x^2y^2+(y^2)^2+4x^2y^2 \\
&= (x^2)^2+2x^2y^2+(y^2)^2 \\
&= (x^2+y^2)^2
\end{aligned}
$$

となります．よって $(x+yi)^2$ の大きさは x^2+y^2 となり，ちょうど $x+yi$ の大きさの 2 乗です．確かに複素数を 2 乗すると大きさは 2 乗になります．

複素数を 2 乗すると角度が 2 倍になることの説明はもう少し長くなります．普通は三角関数の公式を用いて証明しますが，ここではより直接的な方法で示します．まず，$z=x+yi$ の大きさが 1 で

ある特別な場合を考えましょう．つまり，$x^2+y^2=1$ です．このとき z^2 の大きさも 1 です．3 頂点が $0, 1, z$，座標で言うと $(0,0)$, $(1,0), (x,y)$ の二等辺三角形を考えましょう．ピタゴラスの定理から，平面内の 2 点間の距離の 2 乗はそれぞれの座標の差の 2 乗の和です．つまり z から 1 までの距離の 2 乗は

$$(x-1)^2+(y-0)^2 = x^2-2x+1+y^2$$
$$= 2-2x$$

です．ここで $x^2+y^2=1$ を使いました．

今度は 3 頂点が $0, z, z^2$，座標で言うと $(0,0), (x,y), (x^2-y^2, 2xy)$ の二等辺三角形を考えましょう．z^2 から z までの距離の 2 乗は

$$(x^2-y^2-x)^2+(2xy-y)^2$$
$$= (x^2)^2-2x^2y^2+(y^2)^2+x^2-2x(x^2-y^2)+4x^2y^2-4xy^2+y^2$$
$$= (x^2)^2+2x^2y^2+(y^2)^2+x^2+y^2-2x(x^2-y^2)-4xy^2$$
$$= (x^2+y^2)^2+x^2+y^2-2x(x^2+y^2)$$
$$= 2-2x$$

です．ここでも $x^2+y^2=1$ を使いました．上の 2 つの二等辺三角形はどちらも 2 辺の長さが 1 で，残りの辺の長さは $\sqrt{2-2x}$ なので合同です．そうすると角度も等しくなります．特に z と原点，1 と原点を結ぶ 2 本の線分のなす角は，z^2 と原点，z と原点を結ぶ 2 本の線分のなす角と等しいです．よって複素数 z の大きさが 1 の場合は，複素数 z^2 の角度は z の角度の 2 倍です．

最後に，どの複素数も，それと角度が同じで大きさ 1 の複素数と，実数の積で表されることを見ましょう．たとえば，$2+2i=2\sqrt{2}$

$\left(\dfrac{1}{\sqrt{2}}+\dfrac{1}{\sqrt{2}}i\right)$ と表せて，$\dfrac{1}{\sqrt{2}}+\dfrac{1}{\sqrt{2}}i$ は大きさが 1 で $2+2i$ と角度の等しい複素数です．このように，どの複素数 z も実数 r と大きさ 1 の複素数 z_1 を使って $z=rz_1$ と表せます．$z^2=r^2z_1^2$ の角度は z_1^2 の角度と等しいので，すべての複素数 z に対して z^2 の角度は z の角度の 2 倍だということが証明できました．

もっと知りたい人へ

　この「Very Short Introduction」シリーズの中にはこの本で紹介した内容を補う本や詳しく説明している本があります．Timothy Gowers, *Mathematics*（邦訳：『数学』，青木薫 訳，岩波書店，2004）は広い分野にわたる解説書で，幾何学と次元についても多くのことを述べています．Peter Higgins, *Numbers* は実数についての話の中で3分割カントール集合がでてきますし，ジュリア集合の基礎となる複素数の話もあります．Leonard Smith, *Chaos* はカオス的な系でどのようにしてフラクタルが現れるかを語っています．

　フラクタルについてさらに学びたい読者には，まずは，Benoit Mandelbrot, *The Fractal Geometry of Nature*（W. H. Freeman, 1982）（邦訳：『フラクタル幾何学』（上下巻），広中平祐 監訳，筑摩書房，2011）をお勧めします．この本は歴史的意義をもつだけでなく，広く科学的，哲学的なフラクタル幾何学の全体像を示しています．数学の計算はほとんど書いてありませんが，1980年代初めにしては驚くほど見事な図が豊富に載っています．基本的な数学だけを使ってフラクタルとカオスについて書いてある本としては，一般読者向けの数学の本を多く書いている Ian Stewart による *Does God Play Dice?*（Penguin, 2nd edn, 1997）（邦訳：『カオス的世界像——非定形の理論から複雑系の科学へ』，須田不二夫・三村和男 訳，白揚社，1998）や Hans Lauwerier, *Fractals: Images of*

Chaos（Penguin, 1991）などがあります．Nigel Lesmoir-Gordon, Will Rood, Ralph Edney, *Introducing Fractals: A Graphic Guide* (Icon Books, 2009）は短くて楽しめるフラクタルの解説書で，各ページに漫画があってわかりやすいです．Nigel Lesmoir-Gordon 編，*The Colours of Infinity*（Springer, 2nd edn, 2010）は多くの専門家による読みやすい論文が載っていて，さらに関係するドキュメンタリー番組の息を呑むほどすばらしいグラフィックスを含む DVD（別売あり）もついています．

　フラクタル数学を本格的に学びたい読者向けの本はたくさんあります．たとえば，Heinz-Otto Peitgen, Hartmut Jürgens, Dietmar Saupe, *Chaos and Fractals*（Springer, 2nd edn, 2004），David Feldman, *Chaos and Fractals: An Elemantary Introduction*（Oxford University Press, 2012），Michael Barnsley, *Fractals Everywhere*（Dover, 3rd edn, 2012），Kenneth Falconer, *Fractal Geometry: Mathematical Foundations and Applications*（John Wiley, 3rd edn, 2013）（原著第2版の邦訳：『フラクタル幾何学』，服部久美子・村井浄信 訳，共立出版，2006）があります．

　フラクタルの応用についての本はたとえば，Jens Feder, *Fractals: Physics of Solids and Liquids*（Springer, 1988）（邦訳：『フラクタル』，松下貢・佐藤信一・早川美徳 訳，啓学出版，1991）があります．フラクタルがファイナンスでどう使われているかについては Benoit Mandelbrot and Richard L. Hudson, *The（Mis）Behaviour of Markets*（Profile Books, 2008）（邦訳：『禁断の市場：フラクタルでみるリスクとリターン』，高安秀樹 監訳，東洋経済新報社，2008）が論じています．CG で好きなように試してみたい読者には Bernt Wahl et. al, *Exploring Fractals on the Macintosh*（Addison Wesley, 1994），Heinz-Otto Peitgen, Dietmar Saupe 編，*The Science of Fractal Images*（Springer, 1988），Garry Flake, *The Computational Beauty of Nature*（MIT Press, 2000）などがコンピュータ上でフラクタルを描く方法をたくさん紹介しています．

　これらの本の中には歴史的背景を書いているものも多くあります．Gerald Edgar 編，*Classics on Fractals*（Westview Press, 2003）はハウスドルフからマンデルブロまでの主要な数学の論文の翻訳を集めたものです．ブノア・マンデルブロ自身の目から見たフラクタルの発展の様子は Benoit Mandelbrot, *The Fractalist: Memoirs of a Scientific Marverik*（Pantheon Books, 2012）（邦訳：『フラクタリスト——マンデルブロ自伝—』，田沢恭子 訳，早川書房，2013）に書かれていて，著者の没後 2 年たって出版されました．

　ウェブサイト　さまざまな側面から見たフラクタルに関するウェブサイトは山のようにあり，質も信頼性もピンからキリまでわたります．ウィキペディアの記事 https://en.wikipedia.org/wiki/Fractal は概説記事で役に立つリンクがたくさんはってあり，その中には別のウィキペディアのページで次元ごとに分類した「フラクタル総覧」をのせているものもあります．Michael Frame, Benoit Mandelbrot, Nial Neger が作成したイェール大学の講義のサイト https://users.math.yale.edu/public_html/frame/Fractals/ もあります．この本で名前を挙げた人々およびほかの多くの数学者の一生と仕事についてはセント・アンドリュース大学が管理している MacTutor History of Mathematics Archive をご覧ください．URL は http://mathshistory.st-andrews.ac.uk/です．

訳者あとがき

　この本は Kenneth Falconer, *Fractals: A Very Short Introduction*, Oxford University Press, 2013 の全訳です.

　著者のケネス・ファルコナー氏はイギリスのセント・アンドリュース大学の教授で, フラクタル研究の第一人者です. これまで多数の論文のほかに, フラクタルに関する専門書も書いています. それに加えて Very Short Introduction という定評あるシリーズの 1 冊としてフラクタルを一般向けに紹介する本を書きました. 私自身フラクタルを専門にしていますが, 特別な予備知識を要求せず, それでいてモヤモヤが残らないように, フラクタルの数学をきっちり説明した本がほしいとつねづね思っていました. この本に出会い, これはぜひ翻訳して日本の方々に紹介したいと思いました.

　フラクタルは, 海岸線, シダ, 人体の中の血管系, 肺の構造など身近にあり, それなしでは私たちは生きていけない図形です. こうした図形の共通点として, 非常に入り組んだ複雑な構造をもつこと, 自分自身の縮小コピーを含むことなどがあげられます. その点で正方形, 円, 楕円などのなめらかでシンプルな図形とは全く異なります. その複雑さ, 不規則さのため長いこと数学の研究対象とされていませんでした. マンデルブロが不規則性の中に潜む規則に気がつき, 立派な数学の対象になることを初めて主張してから 50 余年, その間にフラクタルの数学は大きく進歩し, 止まるところを知りません.

　この本では数学的フラクタルをまず紹介し, きわめて複雑な図形

でも簡単な規則で作れることを示します．また，「海岸線は直線より複雑である」ことはおそらく誰でも認めると思いますが，それをフラクタル次元を使って定量的に表せることを説明します．そしてフラクタルは，医学，経済学，芸術などに広い応用があることを紹介しています．

　フラクタルの面白さを伝えるために少しは数学を使っていますが，予備知識は必要ありません．高校で習ったことを忘れていても読めるように，ていねいに説明されています．その少しだけの数学で，おそらく読者の方々も見かけたことのある摩訶不思議な形のマンデルブロ集合の作り方がわかります．もし読んでいてわからないと思うことがあれば，その部分をとばして次の章にいっても読めるように工夫されています．この本を通して，フラクタルという図形の魅力を少しでも感じていただければ幸いです．

　ファルコナー氏とはフラクタルの国際研究集会でお会いしたことがありますが，声も話し方もシェークスピア俳優のようで，迫力ある講演をします．初期のフラクタル数学の発展に貢献した方ですが，今でも現役で，国際研究集会の主催者に加わって活躍しています．

　出版に先立ち原稿に目を通してコメントやアドバイスをくださった入江彩子さん，石澤麗子さん，中村冬美さん，森裕子さんに感謝いたします．この本を訳すにあたって，岩波書店の加美山亮さんと大橋耕さんにはひとかたならぬお世話になりました．心から感謝いたします．

2020 年 1 月　訳者

索　引

ケネス・ファルコナー（Kenneth Falconer）
　セント・アンドリュース大学教授．専門はフラクタル
幾何学．著書に『フラクタル集合の幾何学』(近代科学
社)，『フラクタル幾何学の技法』(シュプリンガー・フェ
アラーク東京)，『フラクタル幾何学』(共立出版)ほか．

服部久美子
　東京都立大学大学院理学研究科教授．専門は確率論，
フラクタル．

岩波 科学ライブラリー 291
フラクタル　ケネス・ファルコナー

| | 2020 年 1 月 22 日　第 1 刷発行 |
| | 2022 年 2 月 25 日　第 2 刷発行 |

訳　者　服部久美子
　　　　はっとりくみこ

発行者　坂本政謙

発行所　株式会社 岩波書店
　　　　〒101-8002 東京都千代田区一ツ橋 2-5-5
　　　　電話案内 03-5210-4000
　　　　https://www.iwanami.co.jp/

印刷製本・法令印刷　カバー・半七印刷

ISBN 978-4-00-029691-5　Printed in Japan

定価は消費税10%込です．2022年2月現在

定価は消費税 10％込です．2022 年 2 月現在

定価は消費税 10%込です．2022 年 2 月現在